U0605910

FENBUSHI GUANGFU FADIAN XIANGMU KAIFA
BAIWEN BAIDA

分布式光伏发电项目开发
百问百答

榆林华源电力有限责任公司　组编

中国电力出版社
CHINA ELECTRIC POWER PRESS

图书在版编目（CIP）数据

分布式光伏发电项目开发百问百答 / 榆林华源电力有限责任公司组编 . -- 北京：中国电力出版社，2025.5. -- ISBN 978-7-5198-9991-2

Ⅰ．TM615-44

中国国家版本馆 CIP 数据核字第 20251E927H 号

出版发行：中国电力出版社

地　　址：北京市东城区北京站西街 19 号（邮政编码 100005）

网　　址：http：//www.cepp.sgcc.com.cn

责任编辑：王杏芸（010-63412394）

责任校对：黄　蓓　朱丽芳

装帧设计：赵姗姗

责任印制：杨晓东

印　　刷：廊坊市文峰档案印务有限公司

版　　次：2025 年 5 月第一版

印　　次：2025 年 5 月北京第一次印刷

开　　本：880 毫米 ×1230 毫米　32 开本

印　　张：5

字　　数：111 千字

定　　价：58.00 元

版权专有　侵权必究

本书如有印装质量问题，我社营销中心负责退换

编委会

主　任　王建龙

副主任　朱岸明　　高喜利　　张　辉

编　委　穆东哲　　杜　杰　　李继光　　刘宏耀　　潘鹏飞　　刘海源
　　　　牛国飞　　刘宝军　　杨　军　　叶　军　　魏玉元　　葛丹莉
　　　　李　宁　　张雪桃　　高培林　　席佳伟　　张　鹏　　景　宇
　　　　李东海　　孙文涛　　张小政　　樊　玉　　姬　鹏　　刘亚军
　　　　严荣晓　　罗　涛　　彭新春　　王　炜　　张青山　　陈文忠
　　　　郭兰强

编写组

主　编　李　宁

副主编　潘鹏飞

编　写　王晓楠　　闫　肃　　龚孝成　　李江艳　　张雪桃　　成昱嘉
　　　　郭懿文　　申　雄　　冯　勇　　阴　文　　窦　侃　　李　琼
　　　　崔　丹　　乔成军　　杜　鹏　　张国强　　张　波　　刘志国
　　　　张文军　　薛世宁　　李　涛　　马建奇　　张　琦　　艾　陀
　　　　赵晓宁　　刘　伟　　刘　军　　李树洋　　李宇航　　孙轶群
　　　　张　瑜　　孙基峰　　车　辙　　李晓慧　　白小楠　　林　攀
　　　　冯江斐　　李宇欣　　张新盼　　王　毅　　刘雨莎　　侯学敏
　　　　解江敏　　任小东　　马　磊　　李志敏　　曹钰东　　祁亚亚
　　　　祁瑞红　　雷　婷　　张旭琛

前　言

　　《加快构建新型电力系统行动方案（2024-2027年）》明确要求加快构建新型电力系统行动就是以新能源为主体的建设过程，分布式光伏是新能源的一个主体。目前陕西省光伏装机容量大约为700万千瓦，分布式光伏的发展给陕西带来了一些机遇，特别是给产业转型发展带来了一些机遇，加快推动产业单位转型，拓展新兴业务是产业转型的重中之重。近年来，受宏观经济形势和社会外部环境影响，榆林华源电力有限责任公司（以下简称公司）面临经营"抓市场、降成本、增效益"的压力，分布式光伏快速发展、政策规定不断调整，为高质量完成公司分布式光伏年度任务带来了新挑战。

　　为帮助广大电力新兴业务人员更好地学习理解分布式光伏发电法律法规和业务知识，提高岗位业务技能，公司集中集体智慧，聚焦分布式光伏市场拓展自投建设、承揽系统外电站运维接入"秦电智＋"光伏智慧运行管理系统、以EPC模式开展"千村万户光伏＋"示范项目建设等"三大关键"任务，特组织编写了《分布式光伏发电项目开发百问百答》，对于指导各级产业单位员工拓展业务及开展培训都具有较强的使用价值。

编者

2025年3月

目录

前言

第二篇　市场拓展投资建设

第三篇　"秦电智 +"智慧光伏运行管理系统

（一）国家政策文件

1.《中华人民共和国能源法》的发布及实施时间是什么？

答：2024 年 11 月 8 日第十四届全国人民代表大会常务委员会第十二次会议通过《中华人民共和国能源法》，此办法自 2025 年 1 月 1 日起施行。

2.《中华人民共和国能源法》共有多少条？

答：《中华人民共和国能源法》共九章八十条，包括总则、能源规划、能源开发利用、能源市场体系、能源储备和应急、能源科技创新、监督管理、法律责任和附则。

3.《中华人民共和国能源法》的定位是什么？

答：《中华人民共和国能源法》是我国能源领域基础性、统领性法律，集中阐述了我国能源工作大政方针、根本原则和制度体系。建立了能源高质量发展的长效机制、集中体现能源领域的基础法律制度、全面引领能源领域单行法的制修订。

分布式光伏发电项目开发百问百答

4.《中华人民共和国能源法》的主要制度有哪些？

答：能源规划管理制度、能源绿色低碳转型制度、能源供应和安全保障制度、能源市场和价格制度、能源科技创新制度、能源监督管理制度。

5.《中华人民共和国能源法》中能源规划管理制度指什么？

答：发挥能源规划体系对能源发展的引领、指导和规范作用。一是能源规划是国家规划体系的重要组成部分，国家级能源规划是支撑国家发展规划的重要专项规划；二是指导全国能源发展、布局重大工程项目、合理配置公共资源、引导社会资本投向、制定相关政策的重要依据；三是能源规划应当明确规划期内能源发展的目标、主要任务、区域布局、重点项目、保障措施等内容；四是能源规划按照规定的权限和程序报经批准后实施。

6.《中华人民共和国能源法》中能源绿色低碳转型制度指什么？

答：促进经济社会绿色低碳转型和可持续发展积极稳妥推进"碳达峰 碳中和"。包括非化石能源目标制度、可再生能源最低比重目标制度、可再生能源电力消纳保障制度、绿色能源消费机制、节约能源制度。

7.《中华人民共和国能源法》中非化石能源目标制度指什么？

答：国务院能源主管部门会同国务院有关部门制定非化石

2

能源开发利用中长期发展目标，按年度监测非化石能源开发利用情况，并向社会公布。

 8.《中华人民共和国能源法》中可再生能源最低比重目标指什么？

答：可再生能源最低比重目标是全国和各省级区域编制能源规划、推进可再生能源开发利用基本目标，是扩大可再生能源需求的重要方式。制定并组织实施可再生能源消费中的最低比重目标，对实施情况进行监测、考核。

 9.《中华人民共和国能源法》中可再生能源电力消纳保障制度指什么？

答：供电企业、售电企业、相关电力用户和使用自备电厂供电的企业等应当承担消纳可再生能源发电量的责任，并接受监测、考核。

 10.《中华人民共和国能源法》中绿色能源消费制度指什么？

答：国家通过实施可再生能源绿色电力证书等制度建立绿色能源消费促进机制，鼓励能源用户优先使用可再生能源等清洁低碳能源。

 11.《中华人民共和国能源法》中节约能源制度指什么？

答：一是国家坚持多措并举、精准施策、科学管理、社会共治的原则，完善节约能源政策，加强节约能源管理，促进经济社会发展全过程和各领域全面降低能源消耗，防止能源浪费。二是国家建立能源消耗总量和强度双控向碳排放总量和强度双控全面转型新机制，加快构建碳排放总量和强度双控制度体系。三是国家推动提高能源利用效率，鼓励发展分布式能源和多能互补、多能联供综合能源服务，积极推广合同能源管理等市场节约能源服务。四是能源用户应当按照安全使用规范和有关节约能源的规定合理使用能源，依法履行节约能源的义务。

12.《中华人民共和国能源法》中能源供应和安全保障制度指什么？

答：完善能源产供储销体系，提升能源供给能力，保障能源安全、稳定可靠、有效供给。

13.《中华人民共和国能源法》中能源市场和价格制度指什么？

答：建立主体多元、统一开放、竞争有序、监管有效的能源市场体系。持续深化能源市场化改革，加快构建与新型能源体系相适应的能源体制机制。

14.《中华人民共和国能源法》中能源市场和价格制度指什么？

答：优化重大科技创新组织机制、加强创新资源统筹和力量组织、推动科技创新和产业创新融合发展。

15.《中华人民共和国能源法》中能源监督管理制度指什么？

答：监督主体是县级以上人民政府能源主管部门和其他有关部门应当按照职责分工加强对有关能源工作的监督检查，及时查处违法行为。监督的重点是加强对自然垄断性业务的监管、加强对能源输送管网设施公平开放监管、加强对能源供应企业监管。

16.《分布式光伏发电开发建设管理办法》是什么时间颁布的？

答：2025 年 1 月 17 日，国家能源局颁布《分布式光伏发电开发建设管理办法》（国能发新能规〔2025〕7 号），文件的出台旨在支持与规范分布式光伏发展相结合，解决接网消纳问题，规范市场，维护各方权益，促进"量""质"提升。

17.《分布式光伏发电开发建设管理办法》修订的原则是什么？

答：《分布式光伏发电开发建设管理办法》修订工作把握以下四项原则，一是坚持系统观念，突出分布式光伏就近就地开发利用本质要求；二是坚持人民至上，切实保护用户特别是农户合法权益；三是坚持问题导向，突出管理重点；四是坚持差异化管理，增强可操作性。

18.《分布式光伏发电开发建设管理办法》的主要内容是什么？

答：《分布式光伏发电开发建设管理办法》包括总则、行业管理、备案管理、建设管理、电网接入、运行管理以及附则七个章节，共四十三条，覆盖了分布式光伏发电的定义分类和项目全生命周期各阶段的管理要求，涵盖了行业主管部门、投资主体、电网企业等各方的职责要求，形成一套横向到边、纵向到底的支持性、规范性管理体系。

19.《分布式光伏发电开发建设管理办法》中关于分布式光伏发电定义特征是什么？

答：定义方面突出三个基本特征，即在用户侧开发、在配电网接入和在配电网系统就近平衡调节。

20.《分布式光伏发电开发建设管理办法》中分布式光伏发电分为几类？

答：分类方面抓住三个要素，即建设场所、接入电压等级和装机容量，可分为自然人户用、非自然人户用、一般工商业、大型工商业四种类型。

21.《分布式光伏发电开发建设管理办法》中什么是自然人户用分布式光伏？

答：自然人利用自有住宅、庭院投资建设，与公共电网连接点电压等级不超过 380 伏的分布式光伏。

22.《分布式光伏发电开发建设管理办法》中什么是非自然人户用分布式光伏发电？

答：非自然人利用居民住宅、庭院投资建设，与公共电网连接点电压等级不超过 10 千伏（20 千伏）、总装机容量不超过 6 兆瓦的分布式光伏。

23.《分布式光伏发电开发建设管理办法》中什么是一般工商业分布式光伏发电？

答：利用党政机关、学校、医院、市政、文化、体育设施、交通场站等公共机构以及工商业厂房等建筑物及其附属场所建设，与公共电网连接点电压等级不超过 10 千伏（20 千伏）、总装机容量原则上不超过 6 兆瓦的分布式光伏。

24.《分布式光伏发电开发建设管理办法》中什么是大型工商业分布式光伏发电？

答：利用建筑物及其附属场所建设，接入用户侧电网或者与用户开展专线供电（不直接接入公共电网且用户与发电项目投资方为同一法人主体），与公共电网连接点电压等级为 35 千伏、总装机容量原则上不超过 20 兆瓦或者与公共电网连接点电压等级为 110 千伏（66 千伏）、总装机容量原则上不超过 50 兆瓦的分布式光伏。

第 8、9 条款中建筑物及其附属场所应当位于同一用地红线范围内。

25.《分布式光伏发电开发建设管理办法》中分布式光伏发电上网有哪几种模式？

答：分布式光伏发电上网模式包括全额上网、全部自发自用、自发自用余电上网三种。

26.《分布式光伏发电开发建设管理办法》中自然人户用、非自然人户用分布式光伏上网模式有哪几种？

答：自然人户用、非自然人户用分布式光伏可选择全额上网、全部自发自用或者自发自用余电上网模式。

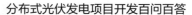 27.《分布式光伏发电开发建设管理办法》中一般工商业分布式光伏上网模式有哪几种？

答：一般工商业分布式光伏可选择全部自发自用或者自发自用余电上网模式；采用自发自用余电上网的，年自发自用电量占发电量的比例，由各省级能源主管部门结合实际确定。

28.《分布式光伏发电开发建设管理办法》中大型工商业分布式光伏上网模式有哪几种？

答：大型工商业分布式光伏原则上选择全部自发自用模式；在电力现货市场连续运行地区，大型工商业分布式光伏可采用自发自用余电上网模式参与现货市场。

涉及自发自用的，用户和分布式光伏发电项目应位于同一用地红线范围内。

29.《分布式光伏发电开发建设管理办法》中各级行政机构对分布式光伏开发建设和运行的管理职责分别是什么？

答：国家能源局负责全国分布式光伏发电开发建设和运行的行业管理工作；省级能源主管部门在国家能源局指导下，负责本省（自治区、直辖市）分布式光伏发电开发建设和运行的行业管理工作。国家能源局派出机构负责所辖区域内分布式光伏发电的国家政策执行、公平接网、电力消纳、市场交易、结算等方面的监管工作。电网企业承担分布式光伏发电并网条件的落实或者认定、电网接入与改造升级、调度能力优化、电量收购等工作，配合各级能源主管部门开展分布式光伏发电接入电网承载力及提升措施评估。省级能源主管部门推动本省（自治区、直辖市）有关方面按照国家法律法规等规定做好分布式光伏发电的安全生产监督管理工作。

30.《分布式光伏发电开发建设管理办法》中各级行政机构对分布式光伏的管理职责分别是什么？

答：国家层面，主要统筹考虑分布式光伏发电发展需要、推动多场景融合应用，加强行业全过程监测，及时完善行业政策、规范标准，构建支持和规范分布式光伏发展的整体框架。省级能源主管部门做好多规衔接，指导地方能源主管部门提出本地区分布式光伏发电建设规模，指导电网企业做好配套的改造升级与投资计划等。县级能源主管部门要做好具体落实工作。分布式光伏发电开发中应充分尊重建筑物及其附属场所所有人意愿，各地不得以特许权经营等方式影响营商环境。

31.《分布式光伏发电开发建设管理办法》中各级机关在项目备案时应履行哪些职责？

答：各省（自治区、直辖市）应当明确分布式光伏发电备案机关及其权限等，并向社会公布。备案机关应当遵循便民、高效原则，提高办事效率，提供优质服务。

32.《分布式光伏发电开发建设管理办法》中分布式光伏发电项目备案有几种方式？

答：分布式光伏发电项目应当按照"谁投资、谁备案"的原则确定备案主体。自然人户用分布式光伏发电项目由自然人选择备案方式，可由电网企业集中代理备案，也可由自然人自行备案。非自然人户用、一般工商业、大型工商业分布式光伏发电项目由投资主体备案。

33.《分布式光伏发电开发建设管理办法》中关于分布式光伏发电项目的备案信息有哪些？

答：分布式光伏发电项目的备案信息应当包括项目名称、投资主体、建设地点、项目类型、建设规模、上网模式等。分布式光伏发电项目的容量为交流侧容量（即逆变器额定输出功率之和）。投资主体对提交备案等信息的真实性、合法性和完整性负责。对于提供虚假资料的，不予办理相关手续，地方能源主管部门可按照有地方能源主管部门可按照有关规定进行处理。

34.《分布式光伏发电开发建设管理办法》中分布式光伏合并备案需满足哪些要求？

答：对于非自然人户用分布式光伏，允许合并备案并分别接入电网。合并备案需满足投资主体相同、备案机关相同、单个项目的建设场所、规模及内容明确等条件。

35.《分布式光伏发电开发建设管理办法》中分布式光伏备案变更需满足哪些要求？

答：分布式光伏发电项目投资主体应当按照备案信息进行建设，不得自行变更项目备案信息的重要事项。项目备案后，项目法人发生变化，项目建设地点、规模、内容发生重大变更，或者放弃项目建设的，项目投资主体应当及时告知备案机关并修改相关信息。

36.《分布式光伏发电开发建设管理办法》中分布式光伏发电项目建档立卡的原则和时限是什么？

答：省级能源主管部门按照国家能源局关于可再生能源项目建档立卡工作有关要求，依托国家可再生能源发电项目信息管理平台，组织开展分布式光伏发电项目的建档立卡工作。分布式光伏发电项目应当在建成并网一个月内，完成建档立卡填报工作。

37.《分布式光伏发电开发建设管理办法》中关于自然人户用分布式光伏发电项目建档立卡填报的要求是什么？

答：自然人户用分布式光伏发电项目原则上由电网企业负责填报并提交相关信息。

38.《分布式光伏发电开发建设管理办法》中关于非自然人户用、一般工商业、大型工商业分布式光伏发电项目建档立卡填报的要求分别是什么？

答：非自然人户用、一般工商业、大型工商业分布式光伏发电项目应当由项目投资主体负责填报，电网企业提交相关信息。每个分布式光伏发电项目的建档立卡号由系统自动生成，作为项目全生命周期的唯一身份识别代码。

39.《分布式光伏发电开发建设管理办法》中关于分布式光伏项目建设管理应满足哪些要求？

答：分布式光伏发电项目投资主体应当做好选址工作，并及时向电网企业提交并网申请，取得电网企业并网意见后方可开工建设。建设场所必须合法合规，手续齐全，产权清晰。

40.《分布式光伏发电开发建设管理办法》中关于分布式光伏项目建设管理前期准备工作有哪些？

答：项目投资者需进行市场调研、技术论证和可行性研究，明确项目规模、投资预算和预期效益。同时，需与建筑物产权人或使用权人签订合作协议，明确双方的权利和义务。

41.《分布式光伏发电开发建设管理办法》中关于分布式光伏项目建设管理的技术要求是什么？

答：项目应符合国家相关技术标准和规范，确保设备选型、安装施工和运维管理的科学性和合理性。同时，应考虑电网承载力、消纳能力等因素，规范开发建设行为。

42.《分布式光伏发电开发建设管理办法》中关于分布式光伏项目建设管理的手续办理有哪些？

答：项目投资者需按照相关规定办理用地、环保、规划等审批手续，确保项目建设的合法性和合规性。同时，需与电网企业签订并网协议，明确并网条件、计量方式、电费结算等事项。

43.《分布式光伏发电开发建设管理办法》中分布式光伏项目建设管理的设计施工应满足哪些要求？

答：项目设计应符合国家相关技术标准和规范，确保设计方案的合理性和安全性。施工单位应具备相应的资质和业绩，严格按照设计图纸和施工方案进行施工，确保施工质量。

44.《分布式光伏发电开发建设管理办法》中规定电网企业向分布式光伏发电项目投资主体提供电网接入服务时不得从事的行为有哪些？

答：一是无正当理由拒绝项目投资主体提出的接入申请，或者拖延接入系统；二是拒绝向项目投资主体提供接入电网须知晓的配电网络的接入位置、可用容量、实际使用容量、出线方式、可用间隔数量等必要信息；三是对符合国家要求建设的发电设施，除保证电网和设备安全运行的必要技术要求外，接入适用的技术要求高于国家和行业技术标准、规范；四是违规收取不合理服务费用；五是其他违反电网公平开放的行为。

45.《分布式光伏发电开发建设管理办法》中电网企业收到分布式光伏发电项目并网意向书应如何受理？

答：收到分布式光伏发电项目并网意向书后，电网企业应当于2个工作日内给予书面回复。分布式光伏发电项目并网意向书的内容完整性和规范性符合相关要求的，电网企业应当出具受理通知书，不符合相关要求的电网企业应当出具不予受理的书面凭证，并告知其原因；需要补充相关材料的，电网企业应当一次性书面告知。逾期不回复的电网企业自收到项目并网意向书之日起视为已经受理。

46.《分布式光伏发电开发建设管理办法》中自然人户用分布式光伏发电项目接入系统方案电网企业受理原则是什么？

答：自然人户用分布式光伏发电项目由电网企业免费提供

接入系统相关方案。

47.《分布式光伏发电开发建设管理办法》中分布式光伏发电项目其他类型（非自然人）接入系统方案电网企业受理原则是什么？

答：其他类型的分布式光伏发电项目应当开展接入系统设计工作，鼓励非自然人户用分布式光伏以集中汇流方式接入电网。

48.《分布式光伏发电开发建设管理办法》对电网企业提供分布式光伏发电项目接入系统设计方案的要求是什么？

答：分布式光伏发电项目投资主体应当在满足电网安全运行的前提下，统筹考虑建设条件、电网接入点等因素，结合实际合理选择接入系统设计方案。

电网企业应当按照相关行业标准，根据接入系统设计要求，及时一次性地提供开展接入系统设计所需的电网现状、电网规划、接入条件等基础资料。确实不能及时提供的，电网企业应当书面告知项目投资主体，并说明原因。各方应当按照国家有关信息安全与保密的要求，规范提供和使用有关资料。

49.《分布式光伏发电开发建设管理办法》中对电网企业收到分布式光伏发电项目系统设计方案报告后的受理是如何规定的？

答：在接入系统设计工作完成后，分布式光伏发电项目投资主体应当向电网企业提交接入系统设计方案报告。收到接入系统设计方案报告后，电网企业应当于 2 个工作日内给予书面回复。接入系统设计方案报告的内容完整性和规范性符合相关要求的，电网企业应当出具受理通知书；不符合相关要求的，电网企业出具不予受理的书面凭证，并告知其原因；需要补充相关材料的，电网企业应当一次性书面告知。逾期不回复的，自电网企业收到接入系统设计方案报告之日起即视为已经受理。

50.《分布式光伏发电开发建设管理办法》中对电网企业受理接入系统设计方案报告后回复要求及时限是如何规定的？

答：电网企业受理接入系统设计方案报告后，应当根据国家标准和行业技术标准、规范，及时会同项目投资主体组织对接入系统设计方案进行研究，并向项目投资主体出具书面回复意见。

接入系统电压等级为 110 千伏（66 千伏）的，电网企业应当于 20 个工作日内出具书面答复意见；接入系统电压等级为 35 千伏及以下的，电网企业应当于 10 个工作日内出具答复意见。

51.《分布式光伏发电开发建设管理办法》中分布式光伏发电项目投资主体应与电网企业签订哪些合同？

答：全额上网、自发自用余电上网的分布式光伏发电项目投资主体应当在并网投产前与电网企业签订购售电合同，各类分布式光伏发电项目还应当在并网投产前与电网企业及其调度机构签订《并网调度协议》，合同参照《新能源场站并网调度协议示范文本》《购售电合同示范文本》，双方协商一致后可简化

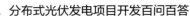

相关条款内容。按照有关规定，分布式光伏发电豁免电力业务许可证。

52.《分布式光伏发电开发建设管理办法》中电网企业对竣工的分布式光伏发电项目应开展哪些工作？

答：电网企业应当按照有关规定复核逆变器等主要设备检测报告，并按照相关标准开展并网检验，检验合格后予以并网投产。

53.《分布式光伏发电开发建设管理办法》中对分布式光伏发电项目核发绿证的要求是什么？

答：建档立卡的分布式光伏发电项目按全部发电量核发绿证，其中上网电量核发可交易绿证，项目投资主体持有绿证后可根据绿证相关管理规定自主参与绿证交易。

54.《分布式光伏发电开发建设管理办法》中分布式光伏项目电网接入如何进行投资界面划分？

答：电网企业和项目投资者应根据接入系统设计和实际情况，明确投资界面划分。对于电网企业负责的投资部分，应按照规定进行投资建设和运维管理；对于项目投资者负责的投资部分，应自行承担投资风险和管理责任。

55.《分布式光伏发电开发建设管理办法》中对分布式光伏项目运行管理的安全生产要求有哪些？

答：项目投资者应建立健全安全生产管理制度和应急预案，加强安全教育和培训，确保项目运行的安全性和可靠性。同时，应定期对设备进行检修和维护，及时发现和处理安全隐患。

56.《分布式光伏发电开发建设管理办法》中分布式光伏运行管理有哪些新模式？

答：项目可通过微电网、源网荷储一体化、虚拟电厂聚合等形式参与调度运行，提高能源利用效率和电力系统灵活性。同时，可探索分布式光伏发电与储能、电动汽车充电设施等新型能源系统的融合应用。

57.《分布式光伏发电开发建设管理办法》中分布式光伏运行管理的信息应如何管理？

答：项目投资者应建立完善的信息管理系统，实时采集和监测项目的运行数据和信息。同时，应加强与电网企业的信息共享和协同合作，共同推动分布式光伏发电的智能化和信息化建设。

58.《分布式光伏发电开发建设管理办法》中分布式光伏运行管理的消纳监测应如何管理？

答：电网企业应建立完善的分布式光伏发电消纳监测机制，实时监测和统计分布式光伏发电的消纳情况。同时，应根据消纳情况及时调整和优化电力系统的运行方式和调度策略。

59.《分布式光伏发电开发建设管理办法》中分布式光伏运行管理有哪些方面可以进行改造升级？

答：对于已建成的分布式光伏发电项目，应根据技术进步和市场变化情况进行改造升级。通过采用新技术、新工艺和新设备等方式，提高项目的发电效率和经济效益。

60.《分布式光伏发电开发建设管理办法》中分布式光伏发电与集中式光伏发电的本质区别是什么？

答：分布式光伏发电与集中式电站的本质区别就是在用户侧开发，就近就地消纳利用。

 61.《关于深化新能源上网电价市场化改革　促进新能源高质量发展的通知》是什么时间发布的？

答：2025 年 1 月 27 日，国家发展改革委、国家能源局联合印发《关于深化新能源上网电价市场化改革促进新能源高质量发展的通知》（发改价格〔2025〕136 号）文件。

 62.《关于深化新能源上网电价市场化改革　促进新能源高质量发展的通知》中明确，创新建立新能源可持续发展价格结算机制，对存量项目与增量项目如何区分？

答：对存量项目，纳入机制的电量、电价等与现行政策妥善衔接；对增量项目，纳入机制的电量规模由各地按国家要求合理确定，机制电价通过市场化竞价方式确定。通过建立可持续发展价格结算机制，既妥善衔接新老政策，又稳定行业发展预期，有利于促进新能源可持续发展，助力经济社会绿色低碳转型。

 63.《关于深化新能源上网电价市场化改革　促进新能源高质量发展的通知》区分新老项目时间节点是什么？

答：存量项目和增量项目以 2025 年 6 月 1 日为节点划分。

其中，2025 年 6 月 1 日以前投产的存量项目，通过开展差价结算，实现电价等与现行政策妥善衔接。2025 年 6 月 1 日及以后投产的增量项目，纳入机制的电量规模根据国家明确的各地新能源发展目标完成情况等动态调整，机制电价由各地通过市场化竞价方式确定。这种老项目老办法、新项目新办法的安排，能够在保持存量项目平稳运营的同时，通过市场化方式确定增量项目的机制电价，有利于更好发挥市场作用。

64. 为什么要深化新能源上网电价市场化改革？

答：国家高度重视风电、太阳能发电等新能源发展，2009年以来陆续出台多项价格、财政、产业等支持性政策，促进行业实现跨越式发展，截至 2024 年年底，新能源发电装机规模约 14.1 亿千瓦，占全国电力总装机规模 40% 以上，已超过煤电装机。

随着新能源大规模发展，新能源上网电价实行固定价格，不能充分反映市场供求，也没有公平承担电力系统调节责任，矛盾日益凸显，亟须深化新能源上网电价市场化改革，更好发挥市场机制作用，促进行业高质量发展。当前，新能源开发建设成本比早期大幅下降，各地电力市场快速发展、规则逐步完善，也为新能源全面参与市场创造了条件。

65.《关于深化新能源上网电价市场化改革　促进新能源高质量发展的通知》中新能源上网电价市场化改革的总体思路是什么？

答：按照价格市场形成、责任公平承担、区分存量增量、政策统筹协调的要求，深化新能源上网电价市场化改革。

66.《关于深化新能源上网电价市场化改革 促进新能源高质量发展的通知》中新能源上网电价市场化改革的总体思路的"四个"坚持原则是什么？

答：坚持市场化改革方向，推动新能源上网电量全面进入电力市场、通过市场交易形成价格。坚持责任公平承担，完善适应新能源发展的市场交易和价格机制，推动新能源公平参与市场交易。坚持分类施策，区分存量项目和增量项目，建立新能源可持续发展价格结算机制，保持存量项目政策衔接，稳定增量项目收益预期。坚持统筹协调，行业管理、价格机制、绿色能源消费等政策协同发力，完善电力市场体系，更好支撑新能源发展规划目标实现。

 67.《关于深化新能源上网电价市场化 改革促进新能源高质量发展的通知》新能源上网电价市场化改革主要内容有几个方面？

答：一是推动新能源上网电价全面由市场形成。新能源项目上网电量原则上全部进入电力市场，上网电价通过市场交易形成。二是建立支持新能源可持续发展的价格结算机制。新能源参与市场交易后，在结算环节建立可持续发展价格结算机制，对纳入机制的电量，按机制电价结算。三是区分存量和增量项目分类施策。存量项目的机制电价与现行政策妥善衔接，增量项目的机制电价通过市场化竞价方式确定。

68.《关于深化新能源上网电价市场化改革　促进新能源高质量发展的通知》如何推动新能源上网电价全面由市场形成？

答：一是推动新能源上网电量参与市场交易；二是完善现货市场交易和价格机制；三是健全中长期市场交易和价格机制。

69.《关于深化新能源上网电价市场化改革　促进新能源高质量发展的通知》如何建立健全支持新能源高质量发展的制度机制？

答：建立新能源可持续发展价格结算机制。新能源参与电力市场交易后，在市场外建立差价结算的机制，纳入机制的新能源电价水平（以下简称机制电价）、电量规模、执行期限等由省级价格主管部门会同省级能源主管部门、电力运行主管部门等明确。对纳入机制的电量，市场交易均价低于或高于机制电价的部分，由电网企业按规定开展差价结算，结算费用纳入当地系统运行费用。

70.《关于深化新能源上网电价市场化改革　促进新能源高质量发展的通知》中为什么要建立新能源可持续发展价格结算机制？

答：新能源发电具有随机性、波动性、间歇性，特别是光伏发电集中在午间，全面参与市场交易后，午间电力供应大幅增加、价格明显降低，晚高峰电价较高时段又几乎没有发电出力，新能源实际可获得的收入可能大幅波动，不利于新能源可持续发展。为解决这个问题，经反复研究，方案提出在推动新能源全面参与市场的同时，建立新能源可持续发展价格结算机制，对纳入机制的电量，当市场交易价格低于机制电价时给予差价补偿，高于机制电价时扣除差价。通过这种"多退少补"的差价结算方式，让企业能够有合理稳定的预期，从而促进行业平稳健康发展，助力"双碳"目标的实现。从国外情况看，新能源发展较好的国家通常采取类似做法。

 71.《关于深化新能源上网电价市场化改革 促进新能源高质量发展的通知》中新能源上网电价市场化改革对终端用户电价水平有什么影响？

答：这项改革，对居民、农业用户电价水平没有影响，这些用户用电仍执行现行目录销售电价政策。对于工商业用户，静态估算，预计改革实施首年全国工商业用户平均电价与上年相比基本持平，电力供需宽松、新能源市场价格较低的地区可能略有下降，后续工商业用户电价将随电力供需、新能源发展等情况波动。

72. 此次新能源上网电价市场化改革对电力行业会产生什么影响？

答：一是有利于推动新能源行业高质量发展；二是有利于促进新型电力系统建设；三是有利于加快建设全国统一电力市场。

73. 国家将如何做好《关于深化新能源上网电价市场化改革 促进新能源高质量发展的通知》中改革方案的组织实施？

答：国家发展改革委、国家能源局将会同有关方面组织好方案的实施。一是允许地方因地制宜确定实施时间；二是强化政策协同；三是做好跟踪评估。

74.《可再生能源绿色电力证书核发和交易规则》的发布时间是什么？

答：2024 年 8 月 26 日，国家能源局印发《可再生能源绿色电力证书核发和交易规则》的通知（国能发新能规〔2024〕67 号）。

75.《可再生能源绿色电力证书核发和交易规则》印发的背景和意义是什么？

答：2023 年 7 月，国家能源局会同发展改革委、财政部联合印发《关于做好可再生能源绿色电力证书全覆盖工作促进可再生能源电力消费的通知》（发改能源〔2023〕1044 号），明确绿证可再生能源电量环境属性唯一证明和可再生能源电力生产、消费唯一凭证地位，要求绿证核发全覆盖。文件印发以来，绿证核发全覆盖工作顺利推进，绿证交易规模稳步扩大，公众绿色电力消费意识明显增强，全社会绿色电力消费水平快速提升。

为进一步规范绿证核发和交易行为，在前期充分调研、广泛征求并充分吸纳有关方面意见基础上编制了《可再生能源绿色电力证书核发和交易规则》，明确了职责分工、账户管理、绿证核发、绿证交易及划转、绿证核销、信息管理及监管等方面的具体要求。该规则的印发实施，有助于充分体现可再生能源项目绿色环境价值，更好培育绿证绿电交易市场，进一步在全社会营造绿色电力消费环境，对推动可再生能源高质量发展、支撑能源清洁低碳转型、助力经济社会绿色发展具有重要的现实意义。

76.《可再生能源绿色电力证书核发和交易规则》明确绿证核发交易的总体原则是什么？

答：绿证核发和交易坚持"统一核发、交易开放、市场竞争、信息透明、全程可溯"的原则。

77.《可再生能源绿色电力证书核发和交易规则》的适用范围是什么？

答：适用于我国境内生产的风电（含分散式风电和海上风电）、太阳能发电（含分布式光伏发电和光热发电）、常规水电、生物质发电、地热能发电、海洋能发电等可再生能源发电项目电量对应绿证的核发、交易及相关管理工作，香港和澳门地区用能单位或个人依需要自愿参与绿证交易。

78.《可再生能源绿色电力证书核发和交易规则》的主要内容是什么？

答：共 8 章 35 条内容，主要涉及 5 个方面。一是明确绿证市场参与成员和职责分工；二是明确绿证账户管理要求；三是规范绿证核发具体方式；四是明确绿证交易的具体要求；五是规范绿证核发交易信息管理。

79.《可再生能源绿色电力证书核发和交易规则》中绿证可通过哪些平台交易？

答：通过中国绿色电力证书交易平台和北京、广州电力交易中心开展绿证单独交易；通过北京、广州、内蒙古电力交易中心开展跨省区绿色电力交易，各省（区、市）电力交易中心具体负责省内绿色电力交易。

 80.《可再生能源绿色电力证书核发和交易规则》中绿证交易方式有几种？

答：主要包括挂牌交易、双边协商、集中竞价三种方式。

 81.《可再生能源绿色电力证书核发和交易规则》中绿证交易方式的主要内容是什么？

答：挂牌交易，买方可同时将拟出售绿证信息在多个交易平台挂牌，买方通过摘牌完成交易；对于双边协商，买卖双方自主协商确定绿证交易的数量和价格，自由选择绿证交易平台完成交易和结算；集中竞价交易按需适时组织开展。国家绿证核发交易系统统一管理绿证库存，并与各绿证交易平台实时同步，确保同一绿证不重复成交。

 82.《可再生能源绿色电力证书核发和交易规则》中绿证划转的要求是什么？

答：国家能源局资质中心依绿证交易和绿色电力交易信息做好绿证划转。对于 2023 年 1 月 1 日（不含）前投产的存量常规水电对应绿证，由发电企业和用能企业直接交易结算的，依据电量交易结算结果从卖方账户直接划转至买方账户；属于电网代理购电的，根据电量交易结算结果自动划转至相应省级绿证专用账户，由省级能源主管部门会同相关部门确定绿证分配至用户的具体方式。

83.《可再生能源绿色电力证书核发和交易规则》中对于绿证有效期的规定是什么？

答：明确绿证有效期 2 年，时间自电量生产自然月（含）起计算。对在可再生能源电力消纳责任权重等机制中使用绿证的，按相关规定执行。为充分保障不同时段可再生能源发电项目合法权益，《可再生能源绿色电力证书核发和交易规则》设置了过渡期，对 2024 年 1 月 1 日（不含）之前的可再生能源发电项目电量，对应绿证有效期延至 2025 年底。

84.《可再生能源绿色电力证书核发和交易规则》中对于绿证核销的规定是什么？

答：在绿证核销上，超过有效期的，由国家绿证核发交易系统予以自动核销；已声明完成绿色电力消费的，国家能源局资质中心依据用户提交的绿色电力消费认证或声明材料等，对相应绿证予以核销。

85.《关于做好可再生能源绿色电力证书全覆盖工作促进可再生能源电力消费的通知》发布的时间是什么？

答：2023 年 7 月 25 日，国家发展改革委、财政部、国家能源局联合印发《关于做好可再生能源绿色电力证书全覆盖工作促进可再生能源电力消费的通知》（发改能源〔2023〕1044号）文件，文件意指深入贯彻党的二十大精神和习近平总书记"四个革命、一个合作"能源安全新战略，落实党中央、国务院决策部署，进一步健全完善可再生能源绿色电力证书（以下简称绿证）制度，明确绿证适用范围，规范绿证核发，健全绿证交易，扩大绿电消费，完善绿证应用，实现绿证对可再生能源电力的全覆盖，进一步发挥绿证在构建可再生能源电力绿色低碳环境价值体系、促进可再生能源开发利用、引导全社会绿色消费等方面的作用，为保障能源安全可靠供应、实现碳达峰碳中和目标、推动经济社会绿色低碳转型和高质量发展提供有力支撑。

86. 什么是绿证？

答：可再生能源绿色电力证书，即绿证，是对可再生能源发电项目所发绿色电力颁发的具有独特标识代码的电子证书，是可再生能源电量环境属性的唯一证明，也是认定绿色电力生产、消费的唯一凭证，1个绿证单位对应1000度可再生能源电量。

87. 为什么需要绿证？

答：一是完善支持绿色发展政策的创新举措；二是认定可再生能源电量环境价值的唯一证明；三是认定可再生能源电力生产、消费的唯一凭证；四是核算用户可再生能源电力消费量的基本凭证；五是促进可再生能源电力消费、保障可再生能源电力消纳的有力抓手。

88. 哪些企业需要绿证？

答：绿证的需求方以外向型企业、出口型企业以及对绿色电力消费有要求的大型央企国企、跨国企业等为主，购买绿证是企业践行"碳达峰碳中和"目标及能源消耗双控的要求，同

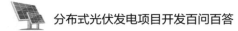

时，对出口型企业而言，也是应对高额碳关税的有力举措。

 89. 绿证核发原则是什么?

答：将可再生能源绿色电力证书（绿证）核发范围从陆上风电和集中式光伏发电项目扩展到所有已建档立卡的可再生能源发电项目，实现绿证核发全覆盖。对存量常规水电项目，暂不核发可交易绿证，相应的绿证随电量直接无偿划转。

核发数据来源绿证核发原则上以电网企业、电力交易机构提供的数据为基础，同时通过发电企业或项目业主提供的数据进行校核。对自发自用等电网企业、电力交易机构无法提供电量信息的情况，由相应发电企业或项目业主提供绿证核发所需信息。

 90. 绿证的特点是什么?

答：绿证具有权威性、唯一性、通用性三大特点。其中权威性是指明确国家能源局负责绿证相关管理工作，通过统筹各方面形成合力，进一步提升绿证的权威性，推动绿证在引领绿色电力消费、促进可再生能源发展、实现"双碳"目标中发挥更大作用。唯一性明确绿证是我国可再生能源电量环境属性的唯一证明也是认定可再生能源电力生产、消费的唯一凭证，绿证对应电量不得重复申领电力领域其他同属性凭证。通用性明确绿证支撑绿色电力交易、认定绿色电力消费、核算可再生能源电力消费量等基础性作用同时推动绿证与国内碳市场、国际绿色消费和碳减排体系做好衔接。

 91. 绿证的买方及交易次数是怎么规定的?

答：交易主体绿证的卖方为在交易平台上自愿注册账户，

并发布绿证出售信息的可再生能源发电企业，绿证的买方主要包含四类：各级政府机关、企事业单位、社会机构和个人。目前，国家并未限制个体购买绿证，但绿证一经出售就不可再进行交易，个体购买绿证一般是作为抵消其个人电力能源排放量的证明，目前只具有公益属性。为防止绿证炒作，《关于做好可再生能源绿色电力证书全覆盖工作促进可再生能源电力消费的通知》明确现阶段绿证仅可交易一次，交易完成后各交易平台需实时将相关信息同步至核发机构。

92.《关于组织开展"千乡万村驭风行动"的通知》的颁布时间及意义是什么？

答：2024 年 3 月 25 日，国家发展改革委、国家能源局、农业农村部三部门联合印发《关于组织开展"千乡万村驭风行动"的通知》，文件的出台旨在鼓励风电与分布式光伏等其他清洁能源形成乡村多能互补综合能源系统，对实施效果显著的项目，适时纳入村镇新能源微能网示范等可再生能源发展试点示范。

93.《关于组织开展"千乡万村驭风行动"的通知》的发布背景是什么？

答：2024 年 1 月，《中共中央 国务院关于学习运用"千村示范、万村整治"工程经验有力有效推进乡村全面振兴的意见》（中发〔2024〕1 号）明确要求，推动农村分布式新能源发展。2021 年 10 月，国家发展改革委、国家能源局等 9 部门联合印发《"十四五"可再生能源发展规划》明确提出，实施"千乡万村驭风行动"。

为推动实施"千乡万村驭风行动"，2022 年以来，国家能源局会同有关部门组织行业协会和智库机构在深入调研的基础上，结合我国风电产业发展和农村情况，研究提出了实施方案，广泛征求了各省级能源主管部门、各电网企业、各风电设备制造企业和开发企业等意见。2024 年 3 月，国家发展改革委、国家能源局、农业农村部三部门联合印发《关于组织开展"千乡万村驭风行动"的通知》，共同组织实施。

94.《关于组织开展"千乡万村驭风行动"的通知》的重要意义是什么？

答：在农村地区充分利用风能资源和零散闲置非耕地，组织开展"千乡万村驭风行动"，将有力推动风电就地就近开发利用，有效促进农村可再生能源高质量发展，具有重要的现实意义。一是开辟风电发展新的增长极；二是推动农村能源革命的重要抓手；三是助力乡村振兴的重要载体。

95.《关于组织开展"千乡万村驭风行动"的通知》的基本原则是什么？

答：组织开展"千乡万村驭风行动"与农村生产生活密切相关，为有序推动实施，需坚持因地制宜、统筹谋划，村企合作、惠民利民，生态优先、融合发展三大原则。

96.《关于做好新能源消纳工作 保障新能源高质量发展的通知》的发布时间及意义是什么？

答：2024 年 5 月 28 日，国家能源局印发了《关于做好新能源消纳工作保障新能源高质量发展的通知》（国能发电力〔2024〕44 号）文件的出台旨在为深入贯彻落实习近平总书记在中共中央政治局第十二次集体学习时的重要讲话精神，提升电力系统对新能源的消纳能力，确保新能源大规模发展的同时保持合理利用水平，推动新能源高质量发展。

97.《关于做好新能源消纳工作保障新能源高质量发展的通知》的出台背景是什么？

答：近年来，国家能源局持续做好新能源消纳工作，大力推进跨省区输电通道、坚强主干网架及配电网建设，不断提升电力系统调节能力，扩大新能源市场化交易电量，推动新能源快速发展、高效利用。2023 年，全国风电利用率 97.3%、光伏发电利用率 98%，保持了较高水平。近两年，新能源发展进一步提速，截至 2024 年 4 月底，全国风电、光伏发电累计装机超过 11 亿千瓦，同比增长约 38%，消纳需求大幅增加。为适应新能源高速增长形势，保障新能源高质量发展，需要优化完善新能源消纳政策措施，夯实基础、巩固成果、改革创新，以高质量消纳工作促进新能源供给消纳体系建设。

98.《关于做好新能源消纳工作保障新能源高质量发展的通知》的重点任务是什么？

答：一是加快推进新能源配套电网项目建设；二是积极推进系统调节能力提升和网源协调发展；三是充分发挥电网资源配置平台作用；四是科学优化新能源利用率目标。

99.《关于做好新能源消纳工作保障新能源高质量发展的通知》的管理措施有哪些？

答：一是扎实做好新能源消纳数据统计管理；二是常态化开展新能源消纳监测分析和监管。

100.《煤电低碳化改造建设行动方案（2024—2027 年）》是什么时间颁布的？

答：2024 年 6 月 24 日，国家发展改革委、国家能源局联合印发《煤电低碳化改造建设行动方案（2024—2027 年）》（发改环资〔2024〕894 号）。

101.《煤电低碳化改造建设行动方案（2024—2027 年）》出台的背景和意义分别是什么？

答：近年来，我国积极推进煤炭清洁高效利用，大力发展可再生能源，加快能源绿色低碳转型取得积极成效。但受可再生能源电力随机性、波动性影响，煤电仍将在一定时期内发挥能源安全兜底保障作用。对标天然气发电机组碳排放水平，加快煤电低碳化改造建设，是推动能源绿色低碳发展、助力实现碳达峰碳中和目标的重要举措。

102.《煤电低碳化改造建设行动方案（2024—2027 年）》提出了哪些主要目标？

答：按照 2025、2027 年两个时间节点，该方案提出了煤电低碳化改造建设工作的目标。

到 2025 年，首批煤电低碳化改造建设项目全部开工，转化应用一批煤电低碳发电技术；相关项目度电碳排放较 2023 年同类煤电机组平均碳排放水平降低 20% 左右、显著低于现役先进煤电机组碳排放水平，为煤电清洁低碳转型探索有益经验。

到 2027 年，煤电低碳发电技术路线进一步拓宽，建造和运行成本显著下降；相关项目度电碳排放较 2023 年同类煤电机组平均碳排放水平降低 50% 左右、接近天然气发电机组碳排放水平，对煤电清洁低碳转型形成较强的引领带动作用。

 103.《煤电低碳化改造建设行动方案（2024—2027 年）》中煤电低碳化改造建设的方式是什么？

答：在充分调研、系统分析、深入论证的基础上，提出了 3 种改造建设方式，并明确了项目布局、机组条件、降碳效果等 3 方面改造建设要求。一是生物质掺烧，充分利用农林废弃物、沙生植物、能源植物等生物质资源，实施煤电机组耦合生物质发电；二是绿氨掺烧，利用风电、太阳能发电等可再生能源富余电力，通过电解水制绿氢并合成绿氨，实施燃煤机组掺烧绿氨发电；三是碳捕集利用与封存，采用化学法、吸附法、膜法等技术分离捕集燃煤锅炉烟气中的二氧化碳，实施高效驱油、制备甲醇等资源化利用，或因地制宜实施地质封存。

104.《煤电低碳化改造建设行动方案（2024—2027 年）》中煤电低碳化改造建设的要求是什么？

答：一是项目布局。实施生物质或绿氨掺烧的项目，所在地应具有长期稳定的生物质或绿氨来源。实施碳捕集利用与封存的项目，所在地及周边应具备二氧化碳资源化利用场景，或具有长期稳定地质封存条件。二是机组条件。相关机组应满足预期剩余使用寿命长、综合经济性好等基本条件，新建机组须已纳入国家规划。鼓励承担煤炭清洁高效利用技术攻关任务、"两个联营"及大型风电光伏基地配套的煤电机组先行先试。三是降碳效果。对照煤电机组自身改造前碳排放水平和 2023 年同

类煤电机组平均碳排放水平，分别对 2025 年、2027 年建成投产项目降碳效果提出明确要求。

105.《2025 年能源工作指导意见》的指导思想是什么？

答：坚持以习近平新时代中国特色社会主义思想为指导，全面贯彻落实党的二十大和二十届二中、三中全会精神，坚持稳中求进工作总基调，完整准确全面贯彻新发展理念，加快构建新发展格局，以更高标准践行能源安全新战略，加快规划建设新型能源体系，持续提升能源安全保障能力，积极稳妥推进能源绿色低碳转型，依靠改革创新培育能源发展新动能，务实推进能源国际合作，高质量完成"十四五"规划目标任务，为实现"十五五"良好开局打下坚实基础，有力支撑中国式现代化建设。

106.《2025 年能源工作指导意见》的修订原则是什么？

答：修订工作的四项原则如下：一是坚持底线思维，持续增强能源安全保障能力；二是坚持绿色低碳，持续推进能源结构调整优化；三是坚持深化改革，持续激发能源发展活力动力；四是坚持创新引领，持续培育发展能源新技术新产业新模式。

107.《2025 年能源工作指导意见》的主要目标是什么？

答：一是供应保障能力持续增强，跨省跨区输电能力持续提升；二是绿色低碳转型不断深化，绿色低碳发展政策机制进一步健全；三是发展质量效益稳步提升，初步建成全国统一电力市场体系，资源配置进一步优化。

108.《2025 年能源工作指导意见》如何积极稳妥推进能源绿色低碳转型？

答：深入研究光伏行业高质量发展思路，抓好风电和光伏发电资源普查试点工作。

109.《2025 年能源工作指导意见》如何推进新型电力系统建设？

答：推动新型电力系统九大行动落地见效，强化新型电力系统建设与"两重""两新"政策有效衔接，深化电力保供能力建设思路举措、统筹新能源发展和消纳体系建设等重点问题研究。

110.《2025 年能源工作指导意见》如何持续深化能源开发？

答：统筹新能源与重点产业优化布局，拓展新能源应用场景，在工业、交通、建筑、数据中心等重点领域大力实施可再生能源替代行动，积极支持零碳园区建设和光伏建筑一体化，更好促进新能源就地消纳。

111.《2025 年能源工作指导意见》如何完善能源体制机制？

答：创新新能源价格机制和消纳方式，推动新能源全面参与市场，实现新能源由保障性收购向市场化消纳转变。研究制定绿电直连政策措施。出台促进绿证市场高质量发展的政策文件，落实绿色电力消费促进机制，完善可再生能源消纳责任权重制度，压实电力用户绿电消纳责任。建立适应新型储能、虚拟电厂广泛参与的市场机制。不断健全能源法治体系。组织完善落实能源法的配套法规、规章和重要政策文件。加快推进《中华人民共和国电力法》《中华人民共和国可再生能源法》《中华人民共和国煤炭法》，以及《电力安全事故应急处理和调查处理条例》等制修订，加强能源监管立法研究，开展配套规章起草工作。与全国人大法工委联合编制印发能源法释义，详细解读能源法立法精神、重点制度及实施机制，开展能源法培训，提高依法行政水平。

 112.《2025年能源工作指导意见》如何提升民生用能服务保障水平？

答：制定出台新一轮提升"获得电力"服务水平政策文件，全力打造现代化用电营商环境。大力推进车网互动规模化应用试点，推动多场景充电基础设施建设。以精准监管做好民生实事，组织开展民生用电服务突出问题专项监管，常态化推进频繁停电整治。健全完善北方地区冬季清洁取暖长效机制，切实保障人民群众温暖过冬。加强12398热线投诉举报处理制度宣贯落实，持续提升工作质效。

 113.《2025年能源工作指导意见》如何推动县域能源高质量发展？

答：积极推动县域能源清洁低碳转型。加大农村可再生能源开发和惠民利民力度，深入开展"千乡万村驭风行动"和

"千家万户沐光行动"，稳步推进第一批、第二批农村能源革命试点建设。用好中央预算内资金，持续推进农网巩固提升工程，加快补齐农村电网短板。

114.《关于促进可再生能源绿色电力证书市场高质量发展的意见》颁布的时间及背景是什么？

答：2025 年 3 月 6 日，国家能源局颁布《关于促进可再生能源绿色电力证书市场高质量发展的意见》（发改能〔2025〕262 号），为贯彻落实《中华人民共和国能源法》有关规定，加快建立绿色能源消费促进机制，推动绿证市场高质量发展，进一步提升全社会绿色电力消费水平，制定本意见。

115.《关于促进可再生能源绿色电力证书市场高质量发展的意见》的指导思想是什么？

答：以习近平新时代中国特色社会主义思想为指导，全面贯彻落实党的二十大和二十届二中、三中全会精神，深入落实"四个革命、一个合作"能源安全新战略，充分发挥市场在资源配置中的决定性作用，更好发挥政府作用，大力培育绿证市场，激发绿色电力消费需求，引导绿证价格合理体现绿色电力环境价值，加快形成绿色生产方式和生活方式。

116.《关于促进可再生能源绿色电力证书市场高质量发展的意见》印发的背景是什么？

答：党的二十届三中全会提出，要积极应对气候变化，健全绿色低碳发展机制。《中华人民共和国能源法》明确，国家通过实施可再生能源绿色电力证书等制度建立绿色能源消费促进机制。

117.《关于促进可再生能源绿色电力证书市场高质量发展的意见》印发的意义是什么？

答：为高质量建设绿证市场，推动绿证价格合理体现绿色电力环境价值，在前期充分调研、广泛征求并充分吸纳有关方面意见基础上编制了《关于促进可再生能源绿色电力证书市场高质量发展的意见》，明确了稳定绿证市场供给、激发绿证消费需求、完善绿证交易机制、拓展绿证应用场景、推动绿证应用走出去等具体要求。《关于促进可再生能源绿色电力证书市场高质量发展的意见》的印发，有助于充分激发绿色电力消费需求、释放绿证市场活力，对以更大力度推动可再生能源高质量发展，更好助力经济社会发展全面绿色转型意义重大。

118.《关于促进可再生能源绿色电力证书市场高质量发展的意见》的主要内容有哪些？

答：一是稳定绿证市场供给；二是激发绿证消费需求；三是完善绿证交易机制；四是拓展绿证应用场景；五是推动绿证应用走出去。

119.《关于促进可再生能源绿色电力证书市场高质量发展的意见》如何稳定绿证市场供给？

答：一是及时自动核发绿证。加快可再生能源发电项目建档立卡，原则上当月完成上个月并网项目建档立卡。二是提升绿色电力交易规模。加快提升以绿色电力和对应绿色电力环境价值为标的物的绿色电力交易规模，稳步推动太阳能发电（含分布式光伏发电和光热发电），等可再生能源发电项目参与绿色电力交易。三是健全绿证核销机制。完善绿证全生命周期闭环管理，规范绿证核销机制。四是支持绿证跨省流通。推动绿证在全国范围内合理流通，各地区不得以任何方式限制绿证交易区域。

120.《关于促进可再生能源绿色电力证书市场高质量发展的意见》如何激发绿证消费需求？

答：以构建强制消费与自愿消费相结合的绿证消费机制为核心，加快推进绿证消费。

一方面，明确绿证强制消费要求在有条件的地区分类分档打造一批高比例消费绿色电力的绿电工厂、绿电园区等，鼓励其实现100%绿色电力消费，有效支撑零碳工厂、零碳园区建设；推动将绿色电力消费信息纳入上市企业环境、社会和公司治理（ESG）报告体系。另一方面，健全绿证自愿消费机制。在强制绿色电力消费比例之上，鼓励其他用能单位进一步提升绿色电力消费比例。明确发挥政府部门、事业单位、国有企业引领作用，稳步提升绿色电力消费水平。

121.《关于促进可再生能源绿色电力证书市场高质量发展的意见》如何完善绿证交易机制？

答：一是健全绿证市场价格机制。加强绿证价格监测，组织开展绿证价格指数研究，建立科学有效的绿证价格指数，引导绿证价格在合理水平运行。二是优化绿证交易机制。落实建设全国统一的能源市场体系要求，加快构建全国统一的绿证交易体系，实现绿证在全国范围内的合理流通。三是完善绿色电力交易机制。丰富绿色电力交易品种，推动多年、年度、月度以及月内绿色电力交易机制建设，满足用户的多样化需求。

 122.《关于促进可再生能源绿色电力证书市场高质量发展的意见》如何拓展绿证应用场景？

答：一是加快绿证标准体系建设。研究绿证相关标准体系，编制绿色电力消费标准目录，按照急用先行原则，加快各类标准制定工作。二是建立绿色电力消费核算机制。建立基于绿证的绿色电力消费核算机制，制定绿色电力消费核算规范，明确绿色电力消费核算流程和核算方法。三是开展绿色电力消费认证。制定绿色电力消费认证相关技术标准、规则、标识，建立符合我国国情的绿色电力消费认证机制，鼓励第三方认证机构开展面向不同行业和领域的绿色电力消费认证，推进认证结果在相关领域的采信和应用。四是推动绿证与其他机制有效衔接。推动将可再生能源电力消纳责任权重压实至重点用能单位，使用绿证用于权重核算。

123.《关于促进可再生能源绿色电力证书市场高质量发展的意见》如何推动绿证应用走出去？

答：一是推动绿证标准国际化。推动我国绿色电力消费标准，提升标准的权威性和认可度。

二是强化政策宣介服务。灵活多样开展绿证政策宣贯活动，推动形成主动消费绿色电力的良好氛围。

（二）国家电网公司政策文件

124.《国家电网有限公司关于加快电网建设绿色转型的意见》的总体要求是什么？

答：加快电网建设绿色转型，要紧扣公司绿色发展目标，坚持基建"六精四化"绿色化发展方向，在规划、设计、采购、施工等电网建设的全过程、全环节积极践行节能降碳、环境保护理念，打造绿色低碳电网建设模式，建设资源节约、低碳环保的绿色电网，服务能源绿色低碳转型，助力"双碳"目标落地。

125.《国家电网有限公司关于加快电网建设绿色转型的意见》的重点任务有哪些？

答：一是贯彻绿色低碳规划设计理念。强化选址选线方案绿色环保、推行绿色低碳变电站设计、推进绿色环保线路设计、深化环保水保专项设计。二是优选绿色环保设备材料。推广低碳型电网设备材料、优选绿色环保建材、严把绿色环保设备材料采购。三是推行绿色环保施工方式。推广绿色施工工艺工法、推进机械化施工、强化施工过程资源节约、强化施工现场环境保护。四是强化绿色低碳技术创新引领。统筹关键技术创新攻关方向、持续深化碳足迹研究应用、做好绿色低碳创新成果推广。五是统筹绿色低碳体系建设。构建绿色低碳工程评价体系、构建绿色低碳技术标准体系。

126.《国家电网有限公司服务新能源发展报告 2024 》的颁布时间及背景是什么？

答：2024 年 7 月 11 日，国家电网公司在北京召开服务新能源高质量发展新闻发布会，发布《国家电网有限公司服务新能源发展报告 2024》，介绍国家电网经营区新能源发展情况，总结公司服务新能源高质量发展工作成效，分析新能源发展形势，发布服务新能源发展的国网行动和倡议，介绍深化电力市场建设有关情况。

127.《国家电网有限公司服务新能源发展报告 2024 》的主要内容是什么？

答：详细介绍了 2023 年国家电网公司经营区域内新能源发展情况，系统阐释了国家电网公司服务新能源发展的履责意愿，从电源并网、电网建设、调度运行、市场交易、技术创新 5 个方面全面梳理了公司服务新能源发展的重点举措和创新实践，分析新能源发展形势，并发布服务新能源发展的国网行动和倡议。

128.《国家电网有限公司服务新能源发展报告 2024 》提出的新能源并网消纳四个特点是什么？

答：2023 年，国家电网公司经营区新能源并网消纳主要呈现四个特点：一是装机规模再上新台阶；二是分布式电源成为增长主体；三是电力电量屡创新高；四是利用率保持较高水平。

129.《国家电网有限公司服务新能源发展报告2024》提出从哪几方面服务新能源高质量发展？

答：国家电网公司综合施策，从 5 方面服务新能源高质量发展。一是发挥电网平台功能，做好并网服务；二是加快电网建设，提高资源优化配置能力；三是加强全网统一调度，提升系统消纳水平；四是扩大市场交易规模，深挖新能源消纳潜能；五是开展核心技术攻关，加快构建新型电力系统。

（三）陕西省政策文件

130.《陕西省千乡万村驭风行动工作方案》是什么时间颁布的？

答：2024 年 7 月 1 日，陕西省发展和改革委员会 陕西省农业农村厅印发《陕西省千乡万村驭风行动工作方案》（陕发改能新能源〔2024〕1112 号）。

131.《陕西省千乡万村驭风行动工作方案》对投资主体的要求是什么？

答：各县（市、区）政府应重点考虑村集体经济增收效果和产业带动作用，综合投资运营能力，优选 1～3 家投资主体，负责本县驭风行动风电项目建设和全生命周期运营维护。鼓励通过公开招标、竞争性配置等市场化方式确定投资主体。

132.《陕西省千乡万村驭风行动工作方案》开展的前提是什么？

答：驭风行动项目以符合用地和环保政策为前提，确保风电开发与乡村风貌有机结合。应与集中式风电统筹规划、整体布局，坚决杜绝"化整为零、一哄而上"，合理有序开发，纳入陕西省驭风行动的乡（镇），原则上 2 年内不得参与省内保障性并网风电和外送基地项目申报。要严格落实就近开发利用要求，充分利用既有变电站和配电系统设施，项目接入电压等级不得超过 35 千伏（含 110 千伏变电站 35 千伏侧），原则上不应对其接入供电区的 110 千伏及以上现有电网设备容量提出增容需求。

133.《陕西省千乡万村驭风行动工作方案》中提出的项目开工时间是什么？

答：各市发展改革（能源）主管部门按照省级确定的建设规模组织驭风行动项目建设，加快项目核准等手续的办理，落实电网接入，尽快开工建设。驭风行动项目原则上应于 2025 年 12 月底前核准开工，2026 年 12 月底前建成投产。如 2025 年 12 月底前不能取得核准手续、2026 年 12 月底前不能建成并网，项目自动作废。

134.《陕西省千乡万村驭风行动工作方案》业主可选的上网模式有哪些？

答：项目业主可自主选择"自发自用、余电上网"和"全额上网"两种模式。电网企业负责制定项目接入保障方案，对驭风行动项目，优先安排接网工程投资计划，积极开展农网智能化改造升级及配套电网建设，确保与驭风行动项目同步投运，保障相关风电项目"应并尽并"。项目上网电价按照并网当年新能源上网电价政策执行，鼓励参与市场化交易。

135.《关于加快推动新能源大基地建设进展的通知》是什么时间颁布的？

答：2024 年 5 月 17 日，陕西省发展改革委员会发布《关于加快推动新能源大基地建设进展的通知》（陕发改能新能源〔2024〕799 号）。

136.《关于加快推动新能源大基地建设进展的通知》的重大意义是什么？

答：第一批以沙漠、戈壁、荒漠地区为重点的能源大基地项目是习近平总书记在《生物多样性公约》第十五次缔约大会领导人峰会上宣布有序开工装机容量为 1 亿千瓦的新能源基地项目。同时，大基地项目建设既是陕西省实现"双碳"目标的支撑，也是完成陕西省年度可再生能源 5000 千万瓦发展目标的重要抓手。

137.《关于统筹推进耕地布局优化调整和项目建设的通知》颁布的时间是什么？

答：2025 年 1 月 14 日，陕西省自然资源厅、陕西省发展和改革委员会颁布《关于统筹推进耕地布局优化调整和项目建设的通知》（陕自然资发〔2025〕50 号），文件的出台旨在对光伏等新能源占地方面提出新的要求。

138.《关于统筹推进耕地布局优化调整和项目建设的通知》的总体要求是什么？

答：在 25° 以上园地、林地、草地等选址建设的新能源、新产业、新业态等项目，无法避让 25° 以上零星、插花坡耕地的（不得占用梯田），可以通过地类调整在 25° 以下园地、林地、草地、设施农用地及其他农用地上垦造同等数量、质量的可长期稳定利用耕地后方可占用。

坚持光伏方阵用地不得占用耕地，鼓励在沙漠、戈壁、荒漠和 25° 以上园地、林地、草地等选址建设。原则上禁止占用 25° 以下园地，因国家、省重点项目建设需占用 15 ～ 25° 园地的，市级人民政府应组织发改、农业农村、自然资源等部门对复合利用方案进行审核，报经省自然资源厅同意后方可占用。确因特殊情况难以避让需占用其他园地的，需报经省自然资源厅商省发展改革委联合审核同意后方可占用

139.《关于统筹推进耕地布局优化调整和项目建设的通知》的原则是什么？

答：一是统筹规划，有序推进开展地类调整工作，要统筹确定地类调整的规模、布局、时序，做好与生态修复、项目布局、产业发展等相关规划的衔接，促进耕地布局优化与项目建设有序发展。二是因地制宜，量力而行，各地要结合当地耕地保护任务和资源禀赋条件，结合新能源、新产业、新业态等发展规划和产业布局，实事求是开展地类调整工作。三是尊重意愿，稳妥实施。开展地类调整，应充分尊重农民主体地位，要以农民自愿且不额外增加农民负担为前提，涉及补偿的应当足

额补偿到位，切实维护农民合法权益。

140.《关于统筹推进耕地布局优化调整和项目建设的通知》中指出的有关要求是什么？

答：一是地类调整涉及 25° 以上坡耕地变更为园地、林地等其他农用地的，要严格落实相关政策规定。二是各地要对地类调整工作实施全程监管，对因权属、补偿标准、后期管护责任有争议不能达成一致意见的，不得开展地类调整。三是市、县自然资源主管部门要切实加强对地类调整工作的组织管理，在政府主导下引导企业积极投资，共同推进地类调整工作。

141.《关于统筹推进耕地布局优化调整和项目建设的通知》中项目地类调整县级政府出具意见需明确事项是什么？

答：第一部分：项目基本情况（含项目建设主体，总投资，项目类别等，用地总规模，占用地类情况，地类调整中调出调入地类情况）。第二部分：项目踏勘论证情况。第三部分：项目建设对本辖区耕地保护考核的影响（明确地类调整对地区耕地保护考核及耕地后备资源无影响）。第四部分：切实履行好后期监管责任。

142.《关于开展光伏行业统一大市场专项整治工作的通知》是什么时间颁布的？

答：2024 年 12 月 31 日，陕西省发展和改革委员会颁布《关于开展光伏行业统一大市场专项整治工作的通知》（陕发改能新能源〔2024〕2246 号），文件的出台旨在加快建设全国统一大市场部署，进一步优化营商环境，着力破除光伏行业行政权力不当干预。

143.《关于开展光伏行业统一大市场专项整治工作的通知》总体要求是什么？

答：以习近平新时代中国特色社会主义思想为指导，深入贯彻党的二十大精神，结合我省深化"三个年"活动安排，重点整治光伏行业行政权力不当干预相关行为，通过整治形成一批务实管用的监管机制，营造公平公正的统一大市场环境，促进我省光伏行业大规模、市场化、高质量发展，有效支撑清洁低碳、安全高效的能源体系建设。

144.《关于开展光伏行业统一大市场专项整治工作的通知》主要整治哪些内容？

答：一是强制要求配套光伏产业链项目；二是要求缴纳（捐赠）各类资金或获得其他收益；三是变相限制竞争；四是公平竞争审查机制未有力落实；五是项目备案设置不合理前置条件；六是未按规定向个人户用光伏用户提供代备案服务。

145.《关于进一步推动分布式光伏发电项目高质量发展的通知》颁布时间是什么？

答：2024年7月16日，陕西省发展和改革委员会印发《关于进一步推动分布式光伏发电项目高质量发展的通知》（陕发改能新能源〔2024〕1164号）文件，文件的出台旨在大力推进分布式光伏建设，是实现"碳达峰　碳中和"目标、构建新型电力系统、引导绿色能源消费的重要举措。

146.《关于进一步推动分布式光伏发电项目高质量发展的通知》中屋顶分布式光伏项目可分为几类?

答：屋顶分布式光伏项目分为工商业屋顶分布式光伏与户用屋顶分布式光伏两类。

147.《关于进一步推动分布式光伏发电项目高质量发展的通知》中户用屋顶分布式光伏是怎么细分的?

答：户用屋顶分布式光伏中由居民在自有屋顶（含附属宅基地区域内庭院等）自筹资金开发建设的项目为户用自然人项目；租赁居民屋顶（含附属宅基地区域内庭院等）、出租光伏发电设备等方式建设的户用光伏项目按照工商业（非自然人）屋顶分布式光伏进行管理。

148.《关于进一步推动分布式光伏发电项目高质量发展的通知》中如何鼓励屋顶分布式项目开发?

答：有序推进租赁（出租）方式的户用光伏项目，结合配电网可开放容量情况进行开发建设，全力做好户用自然人分布式光伏接入。积极推动工商业屋顶分布式光伏发展，支持采用"自发自用，余量上网"建设模式，减小公共电网运行压力，降低企业用能成本、扩大绿电消费。鼓励各级政府牵头，推动利用党政机关、学校、医院、市政、文化、体育设施、政府投资的厂房等公共建筑建设屋顶分布式光伏电站。

149.《关于进一步推动分布式光伏发电项目高质量发展的通知》中大力推进分布式光伏建设的意义是什么？

答：大力推进分布式光伏建设，是实现"碳达峰　碳中和"目标、构建新型电力系统、引导绿色能源消费的重要举措。推动分布式光伏发电项目建设工作，促进行业健康有序高质量发展。

150.《关于进一步推动分布式光伏发电项目高质量发展的通知》中如何加快屋顶分布式项目消纳能力建设？

答：电网企业要加强与地方能源主管部门、屋顶分布式光伏开发企业的沟通对接，统筹区域负荷水平，考虑项目开发预期，结合电网建设规划，积极制定提升电网消纳能力建设方案。适度超前规划变配电布点，优化电网设施布局，打造坚强灵活电网网架，加快推进农村电网巩固提升工程，加快城乡配电网改造，优化电网调度方式，持续提升屋顶分布式光伏接网条件。针对红、黄接入受限区域，电网企业要制定改造计划，进一步加快电网升级改造，红色区域在电网承载力未得到有效改善前，暂缓新增屋顶分布式项目接入。常态化监测摸排主（配）变重满载、线路重过载、电压越限等问题，提出针对性解决方案，消除供电卡口，提升农村电网光伏项目接入能力。鼓励投资主体及工商业用户等通过自愿配置储能等方式提高屋顶分布式光伏消纳比例、减少上送电量。

151.《关于进一步推动分布式光伏发电项目高质量发展的通知》中屋顶分布式项目如何进行备案？

答：屋顶分布式光伏项目实行属地备案管理。户用自然人项目由电网企业做好代备案工作，其他屋顶分布式光伏项目由投资主体向主管部门申请备案。

152.《关于进一步推动分布式光伏发电项目高质量发展的通知》中电网企业对户用自然人项目以自然人名义申请接入时应核验的资料有哪些？

答：电网企业在报装前应核验申请人的有效身份证明、房屋物权证明（房屋产权证或村委会出具的物权证明）、本人银行卡、项目自投承诺，在并网前应通过核验屋顶光伏建设合同、主要光伏发电设备（包括光伏组件、逆变器等）购置发票或屋顶光伏建设发票等方式进行确认与备案主体的一致性，核验不通过的不予并网。

153.《关于进一步推动分布式光伏发电项目高质量发展的通知》中屋顶分布式光伏项目备案容量指什么？

答：屋顶分布式光伏项目备案容量为交流侧容量。

154.《关于进一步推动分布式光伏发电项目高质量发展的通知》中备案后一年内未建成的项目应如何处理？

答：对于备案后一年内未建成的屋顶分布式项目，由县级能源主管部门组织电网企业及时收回并网容量，继续建设的需要重新申请并网容量。

155.《关于进一步推动分布式光伏发电项目高质量发展的通知》中哪些情况下需要变更相应备案文件？

答：项目投资主体、容量、建设地点发生变化，需要变更相应备案文件。

156.《关于进一步推动分布式光伏发电项目高质量发展的通知》中如何加强屋顶分布式项目并网管理？

答：电网企业应按照简化流程，缩短时限，提高效率的原则，为屋顶分布式光伏并网提供"一站式"办理服务，拓展线上、线下并网服务渠道，积极探索推行"容缺受理"等办理形式。电网企业应按照节约项目投资、方便接入的原则，协助屋顶分布式光伏项目规范接入，户用自然人光伏项目一般接入电压等级为低压 220（380）伏，其他项目在不具备低压接入条件时，可以采用集中汇流等方就近接入电网。

157.《关于进一步推动分布式光伏发电项目高质量发展的通知》中如何提高屋顶分布式项目建设质量？

答：屋顶分布式光伏项目要严格按照备案内容建设实施，投资主体要认真落实各项安全管理要求，项目设计和安装应符合有关管理规定、设备标准、建筑工程规范和安全规范等要求，承担项目设计、咨询、安装和监理的单位，应具有国家规定的相应资质。屋顶分布式光伏发电项目采用的光伏电池组件、逆变器等设备应通过符合国家规定的认证认可机构的检测认证，符合相关接入电网的技术要求。充分考虑项目与周边环境景观相融合，因地制宜开展屋顶分布式光伏发电项目建设，鼓励投资人和投资企业选择市场口碑好、信用度高的承建单位和设备供应商。

158.《关于进一步推动分布式光伏发电项目高质量发展的通知》中如何加大屋顶分布式项目监督力度？

答：各市县发展改革委（能源局）要利用各类途径，加大屋顶分布式光伏政策宣传力度，畅通咨询、投诉等渠道，在帮助广大群众认识屋顶分布式光伏积极作用的同时，客观公正告知户主实施屋顶分布式光伏可能存在的安全风险、金融风险、合同漏洞和其他潜在风险，及时回应社会关切。要加强事中事后监管，坚决纠正违规备案行为，督促投资主体落实项目建设和安全生产主体责任。针对屋顶分布式光伏开发过程中出现的合同欺诈、无资质承建、违规融资等损害群众利益行为，积极配合相关部门依法依规查处，切实保障群众合法权益。

159.《关于进一步推动分布式光伏发电项目高质量发展的通知》中如何做好屋顶分布式项目绿证核发？

答：按照国家相关部门《关于组织开展可再生能源发电项目建档立卡有关工作的通知》《关于做好可再生能源绿色电力证书全覆盖工作促进可再生能源电力消费的通知》等要求，依托国家可再生能源项目信息管理平台（自然人项目为公众号），做好屋顶分布式项目建档立卡工作。各市县发展改革委（能源局）及电网企业要扩大绿证政策宣传，及时审核流程，各投资主体要主动做好建档立卡信息填报，为绿证核发与交易等做好支撑，促进绿色电力消费，共同推动经济社会绿色低碳转型和高质量发展。

160.《关于进一步推动分布式光伏发电项目高质量发展的通知》新建屋顶分布式光伏项目应具备什么功能？

答：即"可观、可测、可调、可控"四可功能。

161.《关于进一步推动分布式光伏发电项目高质量发展的通知》中"四可"功能分别是什么？

答：可观：实时观测光伏系统的运行情况，实现对分布式光伏的统计数据，运行状态，调节控制，异常告警的全面可视化展示。

可测：对分布式光伏用户的数据进行分钟级采集，以实现实时感知，运行监测和异常分析，为故障预警和异常分析提供数据支持。

可调：通过调整逆变器、储能等设备建立柔性调节能力，以实现分布式光伏发电功率的灵活调节，保障电网稳定。

可控：通过光伏专用断路器等设备，建立刚性控制能力，确保所有分布式光伏用户都能全面监控。

162.《关于开展陕西省千村万户"光伏＋"乡村振兴示范项目的通知》的发布时间及意义是什么？

答：2024 年 8 月 1 日，陕西省发展和改革委员会印发《关于开展陕西省千村万户"光伏＋"乡村振兴示范项目的通知》（陕发改能新能源〔2024〕1324 号）文件，文件的出台旨在充分利用农村地区屋顶闲置资源、增加农民收入、壮大村集体经济。

163.《关于开展陕西省千村万户"光伏＋"乡村振兴示范项目的通知》千村万户"光伏＋"乡村振兴示范项目开展的意义是什么？

答：充分利用农村地区屋顶闲置资源、增加农户收入，在赋能乡村振兴、助力共同富裕的同时，为农村绿色低碳发展和美丽乡村建设提供强大动力，对促进农村能源绿色低碳转型具有重要意义。

第二篇　市场拓展投资建设

1. 分布式光伏投资建设优选哪些业主？

答：优选业主包括：国有企业、工业园区、优质公共资源、上市公司、行业头部企业、优质民营企业（用电量稳定、信用优良）。

2. 分布式光伏发电项目不建议开发的因素有哪些？

答：不选择的屋顶：安全风险屋顶（年久失修、结构）；违章、产权不清、产权争议屋顶；荷载能力达不到要求；阴影遮挡影响无法实现项目收益率；可用面积对光伏组件安装影响（光伏组件布局及间距严重影响发电效率）无法实现项目收益率。

3. 关于彩钢瓦屋顶或较大斜面屋顶分布式光伏投资项目的投资要求是什么？

答：对于彩钢瓦屋顶或较大斜面屋顶项目，报送审核需通过设计核算，能产生经济效益（即陕西省分时电价政策实施后项目财务税后内部收益率不低于6%）且具备实施条件的，报送经评估的可行性研究报告，经审核后，可列入项目储备，后续研究实施。

4. 为避免零散小额投资，单个并网点光伏项目建设容量应不小于多少千瓦？

答：单个并网点光伏项目建设容量不小于 200 千瓦。

 5. 分布式光伏投资建设对业主消纳能力的要求是什么？

答：业主有一定的消纳能力，按 200 千瓦装机容量算，白天时段日均用电量（度 / 天）最低要达到 520 度每天。

6. 分布式光伏投资建设对业主可用屋顶面积和装机容量的要求是什么？

答：业主有一定的自有或租赁授权可用的屋面面积，按 200 千瓦装机容量算，可用面积一般在 1500 米^2 以上。（装机容量在 100 ～ 200 千瓦的优质项目：电价较高、消纳率 90% 以上，可以排后考虑）

7. 分布式光伏投资建设中不属于本次屋顶分布式光伏发电项目合同能源管理投资范围是什么？

答：地面光伏项目建设不属于本次屋顶分布式光伏发电项目合同能源管理投资范围。

8. 分布式光伏投资建设的收益标准是什么？

答：电价在现有白天加权平均用电单价的基础上给予业主的电价折扣需保证项目内部收益率的实现。

项目消纳率需保证项目内部收益率的实现，为提高消纳率可考虑项目部分实施。

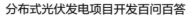 9. 屋顶现场的勘察注意事项有哪些?

答:屋顶现场勘察,对屋顶荷载力、防水实勘,对安装面积、光伏主材使用、安装容量进行设计,对投资额度、收益年限、运维成本进行分析,完成前期建设前期评估工作。

10. 装机容量如何测算?

答:装机容量(kWp)= 太阳电池组件型号(Wp)× 电池组件数量(块)/1000。

11. 发电量如何测算?

答:项目年发电量(万 kWh)= 装机容量(kWp)× 水平面上年总辐射量 $kW \cdot h/m^2$ × 综合效率系数 /10000 × 衰减系数。

项目年发电量(万 $kW \cdot h$)= 装机容量(kWp)× 日均等效利用小时数 × 365/10000。

12. 自用电量如何测算?

答:自用电量(万 $kW \cdot h$)= 项目年发电量(万 kWh)× 消纳率。

13. 发电收入如何测算?

答:年发电收入(含税万元)= 自用电量(万 $kW \cdot h$)× 自用电价(元 $/kW \cdot h$)+ 上网电量(万 $kW \cdot h$)× 上网电价(元 $/kW \cdot h$)

项目发电收入(含税万元)=25 年收入合计

14. 项目运营期成本如何测算？

答：年运营期成本（含税万元）＝年运维费（元 /W/ 年）×装机容量（kWp）/10+ 年保险费（万元）（项目投资额 × 保费率）＋年租赁费（元 /m²）× 租赁面积（m²）/10000+ 其他成本费用

15. 分布式光伏有哪些应用形式？

答：分布式光伏有屋顶光伏、光伏建筑一体化（BLPV）、农光互补、公共设施光伏、离网型分布式光伏发电、多能互补微电网等多种形式。

16. 分布式光伏发电的特点是什么？

答：分布式光伏发电具有输出功率相对较小、污染小，环保效益突出、发电用电并存、建设成本低、系统效率高、能源节约、投资回报高的特点。

17. 哪些用地不可以投资建设分布式光伏电站？

答：农耕用地、农业水浇地、永久农田。

18. 电力业务许可证的豁免条件是什么？

答：《国家能源局关于贯彻落实"放管服"改革精神优化电力业务许可管理有关事项的通知》（国能发〔2020〕22 号）文件明确，项目装机容量 6（不含）以下的太阳能、风能、生物质能（含垃圾发电）、海洋能、地热能等可再生能源发电项目，不要求取得发电力类电力业务许可证。

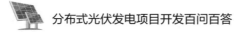

 19. 陕西省各地市光伏电站最佳安装倾角及发电量、年有效利用小时数是什么？

答：陕西省各地市光伏电站最佳安装倾角及发电量、年有效利用小时数见表2-1。

表2-1　陕西省各地市光伏电站最佳安装倾角及发电量、年有效利用小时数

序号	城市	安装角度（°）	峰值日照时数（h/天）	每瓦首年发电量（kW·h/W）	年有效利用小时数（h）
1	榆林	38	5.4	1.557	1577.09
2	延安	35	4.99	1.439	1438.87
3	铜川	33	4.65	1.341	1340.83
4	渭南	31	4.45	1.283	1283.16
5	宝鸡	30	4.28	1.234	1234.14
6	汉中	29	4.06	1.171	1170.70
7	安康	26	3.85	1.11	1110.15
8	西安	26	3.57	1.029	1029.41
9	咸阳	26	3.57	1.029	1029.41
10	商洛	26	3.57	1.029	1029.41

第三篇 "秦电智+"智慧光伏运行管理系统

1. 什么是"秦电智+"智慧光伏运行管理系统？

答："秦电智+"智慧光伏运行管理系统，是"全环节、全贯通、全覆盖、全场景、全生态"的光伏运营服务平台，通过投资测算、运行监测、智能运维、资产运营管理、电费结算托收、绿电交易等光伏业务场景提供数字化服务，以数字技术和互利网+理念提高数据聚合能效，助力客户实现光伏业务数字化转型升级。通过开展数字化运营、智能化运维，实现运维效率提高，运营成本降低。

2. 接入"秦电智+"智慧光伏运行管理系统有哪些好处？

答：一是提高发电效率；二是缩短运维时长；三是降低运维成本；四是提升数据聚合。

3. "秦电智+"智慧光伏运行管理系统的主要功能是什么？

答："秦电智+"智慧光伏运行管理系统主要聚焦电站建转运后的资产运营，通过物联大数据技术，以互联网+光伏理念对光伏电站运营进行深度挖掘，实现集中运营管理，致力于发展业务可视、设备可控、智能运维、投资可控的新型模式，满足光伏投资到运营全生命周期信息化支撑。通过"全环节、全贯通、全覆盖、全生态、全场景"的"秦电智 +"智慧光伏运行管理系统实现光伏电站的精益化管理，提高光伏电站运维效率和管理水平。

4."秦电智 +"智慧光伏运行管理系统的四大块核心应用是什么？

答："秦电智 +"智慧光伏运行管理系统的核心应用主要有集控监测、智能诊断、智能营维、决策支撑四大块。其中集控监测支持总部、区域、场站三级监控，实现集中管理，远端值守，减少运维成本。智能诊断满足告警及时响应，智能分析低效设备，精确定位低效原因，减少发电损失。智能运行实现流程闭环管理，通过 PC+ 移动端 APP 实现运维，抢修，缺陷工单的线上流程化，实现信息全透明可追溯，保障光伏电站全生命周期稳定收益。决策支撑满足多维度动态呈现指标状态，大数据分析消纳率情况，对标评估指标信息，支撑电站经营决策。

5."秦电智 +"智慧光伏运行管理系统的三大功能是什么？

答：一是集控监测支持总部、区域、场站三级监控，实现集中管理，远端值守，减少运维成本；二是智能诊断告警及时响应，智能分析低能设备，精确定位低效原因，减少发电损失；三是智能营维营维流程 PDCA 闭环管理，实现信息全透明可追溯，保障光伏电站生命周期稳定收益。

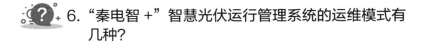 6. "秦电智＋"智慧光伏运行管理系统的运维模式有几种？

答：平台监测服务和电站运维（包含平台监测服务）两种。

7. "秦电智＋"智慧光伏运行管理系统电站代运营服务的服务内容包括哪些？

答：数据接入、数据维护、数据管理、平台运维、电站数据监测、运营，运维工单派发、故障分析等。

8. 低压（0.38kV）分布式光伏接入系统的条件是什么？

答：主要接入场站侧组串、逆变器、并网柜、电表、气象站等数据，逆变器通过 RS 485 通信线缆手拉手接入智能采集网关，通过 4G 物联网卡将采集数据上传至光伏运营管理系统。

9. 低压（0.38kV）分布式光伏接入系统的硬件配置有哪些？

答：智能采集网关、弱电配电箱、红外采集器（可选）、4G 物联网卡等。

10. 高压（10kV）分布式光伏接入系统的条件是什么？

答：高压 10kV 电站接入需符合电力安防要求，由数据采集服务器进行数据采集，通过正向隔离装置后由数据转发服务

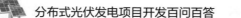

器通过 4G 无线通信装置将数据上传至光伏运营管理系统。

11. 高压（10kV）分布式光伏接入系统的硬件配置有哪些？

答：数据采集服务器、数据转发服务器、防火墙、正向隔离装置、4G 无线通信装置等。

12. 光伏电站接入系统的信息要求是什么？

答：一是电站基本情况信息；二是分布式光伏电站设计图纸；三是光伏运营管理系统建模表。

13. 分布式光伏电站接入系统的设计要求是什么？

答：通过对现有存量分布式光伏站点的勘察，部分装机容量较小的站点在设计上存在屋顶光伏板全覆盖，未预留运维人员通道，逆变器、配电柜布放位置不合理，组串线缆未标识等情况。在电站设计时，需明确电站主体设备设计要求，包含光伏组件及支架、防雷光伏汇流箱、光伏并网逆变器、系统防雷装置设计等，同时充分考虑运维的便利性和安全性，预留运维检修通道。为满足电站接入光伏运营管理系统采集设备取电要求，光伏逆变器旁或附近设计小型配电箱一个，内含 220V 交流电源，配低压断路器，用于工业物联网关设备取电。

14. 分布式光伏电站接入的通信部分设备选型要求是什么？

答：光伏并网逆变器应具备通过光伏并网逆变器的通信接口进行远程升级系统软件和更改参数（包含单机升级和批量升

级）的功能。

按照公司统一技术路线，低压光伏并网逆变器具备 RS485 通信的同时应支持 HPLC 通信，采用"直通直控"管控模式，与融合终端通信实现"可观、可测、可调、可控"功能。

15. 分布式光伏电站接入的光伏并网逆变器的启动、同步和对时有哪些要求？

答：光伏并网逆变器应能根据日出及日落的日照条件，实现自动开机和关机。光伏并网逆变器启动运行时应确保光伏发电站输出的有功功率变化率不超过所设定的最大功率变化率。光伏并网逆变器应具有自动与电网侧同步的功能。光伏并网逆变器应具备按照光伏并网逆变器的 ModbusRTU 对时规约进行对时的功能，能够与数据采集器或监控系统的基准时间对时。

16. 分布式光伏电站接入的光伏并网逆变器的显示及故障报警有哪些要求？

答：光伏并网逆变器参数主要包括（但不限于此）：直流电压、直流电流、直流功率、交流电压、交流电流、交流功率、电网频率、功率因数、日发电量、累计发电量、光伏并网逆变器机内温度、电压畸变率、电流畸变率等，所有显示的数据应能够通过通信接口传至监控后台。

故障信号包括：电网电压过高、电网电压过低、电网频率过高、电网频率过低、电网电压不平衡、直流电压过高、光伏并网逆变器过热、光伏并网逆变器短路、光伏并网逆变器孤岛、通讯失败、绝缘故障、漏电保护等。光伏并网逆变器应采用光报警方式来向本地操作、运维人员发出故障提示信号。

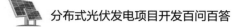
 17. 分布式光伏电站接入的光伏并网逆变器的历史数据采集和存储有哪些要求？

答：在光伏并网逆变器的寿命期内，光伏并网逆变器应能够以日、月、年为单位连续存储运行数据和故障记录或通过后台提取数据。

 18. 分布式光伏电站接入的光伏并网逆变器的组串故障检测功能有哪些要求？

答：光伏逆变器必须具备组串故障检测功能，能够精确定到每一个故障组串。

第四篇 千村万户"光伏+"乡村振兴示范

 **1. 千村万户"光伏+"乡村振兴示范项目的目标是什么？**

答：在全省每个乡镇确定一个行政村，选择光伏或光暖项目建设模式，每个村建设容量约2兆瓦，进行整村光伏（光暖）项目示范。

2. 千村万户"光伏+"乡村振兴示范项目的组织措施分为几个阶段？

答：分为启动阶段和实施阶段两个阶段。

3. 千村万户"光伏+"乡村振兴示范项目的组织措施启动阶段的内容是什么？

答：（1）各县级发展改革（能源）会同农业农村、电力等部门编制本县千村万户"光伏+"乡村振兴示范项目实施方案，明确光伏（光暖）项目选址、设计方案、装机规模、建设时序、接入消纳方案和利益分配机制等情况，将本县实施方案报送市级发展改革（能源）、农业农村等部门。

（2）市级发展改革（能源）会同农业农村、电力等部门，结合实际及我省千万工程和美乡村风貌要求，审核汇总形成本市千村万户"光伏+"乡村振兴示范项目实施方案，实施方案送省发展改革委、农业农村厅报备。

4. 千村万户"光伏+"乡村振兴示范项目的组织措施实施阶段的内容有哪些？

答：（1）县政府承担主体责任，负责审核实施方案、设立村新能源公司、鼓励落实10%的资本金，确定设计施工运维一体化建设企业等，推进项目建设，建立产权清晰、农民受益、村集体壮大、各方利益共享的合作机制。

（2）市县电网企业要配合市县级发展改革（能源）同农业农村部门编制千村万户"光伏+"乡村振兴示范项目实施方案，做好光伏（光暖）项目的电网接入工作，结合电网现状，积极开展农村电网改造升级及配套电网建设，确保项目"应并尽并"。

（3）市县农业农村部门负责指导项目村制定项目收益分配机制。乡镇政府监管村办能源公司运营管理，确保电费收益除运营维护费用外，农户净收益不低于80%，同时监督村集体20%分红的资金使用情况，并符合千万工程和美乡村风貌要求。

（4）项目县区要统筹建设单位、担保机构、银行和村集体多方面力量建立风险防范基金，明确风险分担机制，项目意向村要充分评估项目运行风险，稳慎投资项目。

5. 千村万户"光伏+"乡村振兴示范项目的运作模式是什么？

答：示范项目按照政府统筹、企业提供资金、银行贷款、机构担保、农户受益、村级分红的模式运作。

6. 千村万户"光伏+"乡村振兴示范项目建设原则是什么？

答：产业单位不投资，只负责前期村组意愿用户的沟通洽谈，村组全额出资华源公司以 EPC 模式开展建设施工；村组采取与隆基公司合作贷款出资方式，华源公司负责与隆基公司签订 EPC 合同，以 EPC 模式开展建设施工。

7. 千村万户"光伏+"乡村振兴示范项目示范模式的具体步骤是什么？

答：一是村集体成立村新能源项目公司；二是鼓励县级政府筹集资金作为 10% 资本金，项目实施公司提供 10% 资本金；三是银行、担保机构提供贷款和担保；四是农户，村集体自行选择光伏或光暖建设模式；五是县级政府确定具备设计施工运维一体化能力的建设企业开展项目建设；六是项目建成后，由县级发展改革部门会同相关部门、电网和设计施工企业等进行验收；项目运维由地方政府确定的一体化公司进行运行维护。

8. 千村万户"光伏+"乡村振兴示范项目的示范条件是什么？

答：一是光照和屋顶资源好；二是电网接入和消纳能力强。三是严格决策程序；四是落实项目资本金；五是优先选择千万工程示范村实施建设。

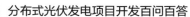 9. 千村万户"光伏＋"乡村振兴示范项目有哪几种模式？

答：光暖模式：光伏＋清洁取暖；和美模式：光伏＋和美乡村；民富模式：光伏＋乡村振兴

10. 光暖模式的适用场景与优点分别是什么？

答：适用场景：采暖困难村；优点：以光补暖，助力普及清洁取暖；免费清洁取暖，光伏阳光房实用美观且有发电收益。

11. 和美模式的适用场景与优点分别是什么？

答：适用场景：千万工程示范村；优点：美观结合发电，打造和美乡村标杆；提升村容村貌，建设零碳和美乡村，光伏阳光房美观还有发电收益。

12. 民富模式的适用场景与优点分别是什么？

答：适用场景：经济薄弱村；优点：收益最高，最直接促进乡村振兴；经济收益最大化，增收最优选。

附录 A

光伏电站开发建设管理办法

第一章　总　则

第一条　为规范光伏电站开发建设管理，保障光伏电站和电力系统清洁低碳、安全高效运行，促进光伏发电行业持续健康高质量发展，根据《中华人民共和国可再生能源法》《中华人民共和国电力法》《企业投资项目核准和备案管理条例》《电力监管条例》《国务院关于促进光伏产业健康发展的若干意见》《国务院办公厅转发国家发展改革委　国家能源局关于促进新时代新能源高质量发展实施方案的通知》等有关规定，制定本办法。

第二条　本办法适用于集中式光伏电站的行业管理、年度开发建设方案、项目建设管理、电网接入管理、运行监测等。分布式光伏发电管理另行规定。

第三条　国家能源局负责全国光伏电站开发建设和运行的监督管理工作。省级能源主管部门在国家能源局指导下，负责本省（区、市）光伏电站开发建设和运行的监督管理工作。国家能源局派出机构负责所辖区域内光伏电站的国家规划与政策执行、资质许可、公平接网、电力消纳等方面的监管工作。电网企业承担光伏电站并网条件的落实或认定、电网接入、调度能力优化、电量收购等工作，配合各级能源主管部门分析测算电网消纳能力与接入送出条件。有关方面按照国家法律法规和部门职责等规定做好光伏电站的安全生产监督管理工作。

第二章　行业管理

第四条　国家能源局编制全国可再生能源发展规划，确定全国光伏电站开发建设的总体目标和重大布局，并结合发展实际与需要适时调整。

第五条　国家能源局依托国家可再生能源发电项目信息管理平台组织开展并网在运光伏电站项目的建档立卡工作。建档立卡的内容主要包括项目名称、建设地点、项目业主、装机容量、并网时间、项目运行状态等信息。每个建档立卡的光伏电站项目由系统自动生成项目编码，作为项目全生命周期的唯一身份识别代码。

第六条　国家能源局加强对光伏电站项目开发建设及运行的全过程监测，规范市场开发秩序，优化发展环境，根据光伏电站发展的实际情况及时完善行业政策、规范和标准等，并会同有关部门深化"放管服"改革，完善相关支持政策。

第三章　年度开发建设方案

第七条　省级能源主管部门负责做好本省（区、市）可再生能源发展规划与国家能源、可再生能源、电力等发展规划和重大布局的衔接，根据本省（区、市）可再生能源发展规划、非水电可再生能源电力消纳责任权重以及电网接入与消纳条件等，制定光伏电站年度开发建设方案。涉及跨省跨区外送消纳的光伏电站，相关送受端省（区、市）能源主管部门在制定可再生能源发展规划、年度开发建设方案时应充分做好衔接。

第八条　省级能源主管部门制定的光伏电站年度开发建设方案可包括项目清单、开工建设与投产时间、建设要求、保障措施等内容，其中项目清单可视发展需要并结合本地实际分类确定为保障性并网项目和市场化并网项目。各地可结合实际，一次性或分批确定项目清单，并及时向社会公布相关情况。纳入光伏电站年度开发建设方案的项目，电网企业应及时办理电网接入手续。鼓励各级能源主管部门采用建立项目库的管理方式，做好光伏电站项目储备。

第九条　保障性并网项目原则上由省级能源主管部门通过竞争性配置方式确定。市场化并网项目按照国家和各省（区、市）有关规定确定，电网企业应配合省级能源主管部门对市场化并网项目通过自建、合建共享或购买服务等市场化方式落实的并网条件予以认定。

第十条　各省（区、市）光伏电站年度开发建设方案和竞争性配置项目办法应及时向国家能源局报备，并抄送当地国家能源局派出机构。各级能源主管部门要优化营商环境，规范开发建设秩序，不得将强制配套产业或投资、违规收取项目保证金等作为项目开发建设的门槛。

第四章　项目建设管理

第十一条　光伏电站项目建设前应做好规划选址、资源测评、建设条件论证、市场需求分析等各项准备工作，重点落实光伏电站项目的接网消纳条件，符合用地用海和河湖管理、生态环保等有关要求。

第十二条　按照国务院投资项目管理规定，光伏电站项目实行备案管理。各省（区、市）可制定本省（区、市）光伏电站项目备案管理办法，明确备案机关及其权限等，并向社会公布。备案机关及其工作人员应当依法对项目进行备案，不得擅自增减审查条件，不得超出办理时限。备案机关及有关部门应当加强对光伏电站的事中事后监管。

第十三条 光伏电站完成项目备案后，项目单位应抓紧落实各项建设条件。已经完成备案并纳入年度开发建设方案的项目，在办理完成相关法律法规要求的各项建设手续后应及时开工建设，并会同电网企业做好与配套电力送出工程的衔接。

第十四条 光伏电站项目备案容量原则上为交流侧容量（即逆变器额定输出功率之和）。项目单位应按照备案信息进行建设，不得自行变更项目备案信息的重要事项。项目备案后，项目法人发生变化，项目建设地点、规模、内容发生重大变更，或者放弃项目建设的，项目单位应当及时告知备案机关并修改相关信息。各省级能源主管部门和备案机关可视需要组织核查备案后2年内未开工建设或者未办理任何其他手续的项目，及时废止确实不具备建设条件的项目。

第五章　电网接入管理

第十五条 光伏电站配套电力送出工程（含汇集站，下同）建设应与光伏电站建设相协调。光伏电站项目单位负责投资建设项目场址内集电线路和升压站（开关站）工程，原则上电网企业负责投资建设项目场址外配套电力送出工程。各省级能源主管部门负责做好协调工作。

第十六条 电网企业应根据国家确定的光伏电站开发建设总体目标和重大布局、各地区可再生能源发展规划和年度开发建设方案，结合光伏电站发展需要，及时优化电网规划建设方案和投资计划安排，统筹开展光伏电站配套电网建设和改造，鼓励采用智能电网等先进技术，提高电力系统接纳光伏发电的能力。

第十七条 光伏电站项目接入系统设计工作一般应在电源项目本体可行性研究阶段开展，在纳入年度开发建设方案后 20 个工作日内向电网企业提交接入系统设计方案报告。电网企业应按照积极服务、简捷高效的原则，建立和完善光伏电站项目接网审核和服务程序。项目单位提交接入系统设计报告评审申请后，电网企业应按照电网公平开放的有关要求在规定时间内出具书面回复意见，对于确实不具备接入条件的项目应书面说明原因。鼓励电网企业推广新能源云等信息平台，提供项目可用接入点、可接入容量、技术规范等信息，实现接网全流程线上办理，提高接网申请审核效率。

第十八条 500 千伏及以上的光伏电站配套电力送出工程，由项目所在地省（区、市）能源主管部门上报国家能源局，履行纳入规划程序；500 千伏以下的光伏电站配套电力送出工程经项目所在地省（区、市）能源主管部门会同电网企业审核确认后自动纳入相应电力规划。

第十九条 电网企业应改进完善内部审批流程，合理安排建设时序，加强网源协调发展，建立网源沟通机制，提高光伏电站配套电力送出工程相关工作的效率，衔接好网源建设进度，确保配套电力送出工程与光伏电站项目建设的进度相匹配，满足相应并网条件后"能并尽并"。光伏电站并网后，电网企业应及时掌握情况并按月报送相关信息。

第二十条 电网企业建设确有困难或规划建设时序不匹配

的光伏电站配套电力送出工程，允许光伏电站项目单位投资建设。光伏电站项目单位建设配套送出工程应充分进行论证，并完全自愿，可以多家企业联合建设，也可以一家企业建设，多家企业共享。光伏电站项目单位建设的配套电力送出工程，经电网企业与光伏电站项目单位双方协商同意，可由电网企业依法依规进行回购。

第二十一条 光伏电站项目应符合国家有关光伏电站接入电网的技术标准规范等有关要求，科学合理确定容配比，交流侧容量不得大于备案容量或年度开发建设方案确定的规模。涉网设备必须通过经国家认可的检测认证机构检测认证，经检测认证合格的设备，电网企业非必要不得要求重复检测。项目单位要认真做好涉网设备管理，不得擅自停运和调整参数。

第二十二条 项目主体工程和配套电力送出工程完工后，项目单位应及时组织项目竣工验收。项目单位提交并网运行申请书后，电网企业应按国家有关技术标准规范和管理规定，在规定时间内配合开展光伏电站涉网设备和电力送出工程的并网调试、竣工验收，并参照《新能源场站并网调度协议示范文本》《购售电合同示范文本》与项目单位签订并网调度协议和购售电合同。对于符合条件且自愿参与市场化交易的光伏电站，项目单位按照相关电力市场规则要求执行。

第二十三条 除国家能源局规定的豁免情形外，光伏电站项目应当在并网后 6 个月内取得电力业务许可证，国家能源局派出机构按规定公开行政许可信息。电网企业不得允许并网后 6 个月内未取得电力业务许可证的光伏电站项目发电上网。

第二十四条 电网企业应采取系统性技术措施，合理安排电网运行方式，完善光伏电站并网运行的调度技术体系，按照有关规定保障光伏电站安全高效并网运行。光伏电站项目单位应加强运行维护管理，积极配合电网企业的并网运行调度管理。

第六章　运行监测

第二十五条　光伏电站项目单位负责电站建设和运营，是光伏电站的安全生产责任主体，必须贯彻执行国家及行业安全生产管理规定，依法加强光伏电站建设运营全过程的安全生产管理，并加大对安全生产的投入保障力度，改善安全生产条件，提高安全生产水平，确保安全生产。

第二十六条　国家能源局负责全国光伏电站工程的安全监管（包括施工安全监管、质量监督管理及运行监管），国家能源局派出机构依职责承担所辖区域内光伏电站工程的安全监管，地方政府电力管理等部门依据法律法规和相关规定落实"管行业必须管安全、管业务必须管安全、管生产经营必须管安全"的相关工作。光伏电站建设、调试、运行和维护过程中发生电力事故、电力安全事件和信息安全事件时，项目单位和有关参建单位应按相关规定要求及时向有关部门报告。

第二十七条　国家能源局依托国家可再生能源发电项目信息管理平台和全国新能源电力消纳监测预警平台开展光伏电站项目全过程信息监测。省级能源主管部门应督促项目单位按照有关要求，及时在国家可再生能源发电项目信息管理平台和全国新能源电力消纳监测预警平台报送相关信息，填写、更新项目建档立卡内容。

第二十八条　电网企业要会同全国新能源消纳监测预警中心及时公布各省级区域并网消纳情况及预测分析，引导理性投资、有序建设。对项目单位反映的有关问题，省级能源主管部门要会同电网企业等有关单位及时协调、督导和纠正。

第二十九条 鼓励光伏电站开展改造升级工作，应用先进、高效、安全的技术和设备。光伏电站的拆除、设备回收与再利用，应符合国家资源回收利用和生态环境、安全生产等相关法律法规与政策要求，不得造成环境污染破坏与安全事故事件，鼓励项目单位为设备回收与再利用创造便利条件。

第三十条 各省级能源主管部门可根据本办法，制定适应本省（区、市）实际的具体管理办法。

第七章　附　则

第三十一条 本办法由国家能源局负责解释。

第三十二条 本办法自发布之日起施行，有效期 5 年。《光伏电站项目管理暂行办法》（国能新能〔2013〕329 号）同时废止。

附录 B

国家发展改革委　国家能源局关于深化新能源上网电价市场化改革　促进新能源高质量发展的通知

发改价格〔2025〕136 号

各省、自治区、直辖市及新疆生产建设兵团发展改革委、能源局，天津市工业和信息化局、辽宁省工业和信息化厅、重庆市经济和信息化委员会、甘肃省工业和信息化厅，北京市城市管理委员会，国家能源局各派出机构，国家电网有限公司、中国南方电网有限责任公司、内蒙古电力（集团）有限责任公司、中国核工业集团有限公司、中国华能集团有限公司、中国大唐集团有限公司、中国华电集团有限公司、国家电力投资集团有限公司、中国长江三峡集团有限公司、国家能源投资集团有限责任公司、国家开发投资集团有限公司、华润（集团）有限公司、中国广核集团有限公司：

为贯彻落实党的二十届三中全会精神和党中央、国务院关于加快构建新型电力系统、健全绿色低碳发展机制的决策部署，充分发挥市场在资源配置中的决定性作用，大力推动新能源高质量发展，现就深化新能源上网电价市场化改革有关事项通知如下。

一、总体思路

按照价格市场形成、责任公平承担、区分存量增量、政策统筹协调的要求，深化新能源上网电价市场化改革。坚持市场化改革方向，推动新能源上网电量全面进入电力市场、通过市场交易形成价格。坚持责任公平承担，完善适应新能源发展的市场交易和价格机制，推动新能源公平参与市场交易。坚持分类施策，区分存量项目和增量项目，建立新能源可持续发展价格结算机制，保持存量项目政策衔接，稳定增量项目收益预期。坚持统筹协调，行业管理、价格机制、绿色能源消费等政策协同发力，完善电力市场体系，更好支撑新能源发展规划目标实现。

二、推动新能源上网电价全面由市场形成

（一）**推动新能源上网电量参与市场交易**。新能源项目（风电、太阳能发电，下同）上网电量原则上全部进入电力市场，上网电价通过市场交易形成。新能源项目可报量报价参与交易，也可接受市场形成的价格。

参与跨省跨区交易的新能源电量，上网电价和交易机制按照跨省跨区送电相关政策执行。

（二）**完善现货市场交易和价格机制**。完善现货市场交易规则，推动新能源公平参与实时市场，加快实现自愿参与日前市场。适当放宽现货市场限价，现货市场申报价格上限考虑各地目前工商业用户尖峰电价水平等因素确定，申报价格下限考虑新能源在电力市场外可获得的其他收益等因素确定，具体由省级价格主管部门商有关部门制定并适时调整。

（三）**健全中长期市场交易和价格机制**。不断完善中长期市场交易规则，缩短交易周期，提高交易频次，实现周、多日、

逐日开市。允许供需双方结合新能源出力特点，合理确定中长期合同的量价、曲线等内容，并根据实际灵活调整。完善绿色电力交易政策，申报和成交价格应分别明确电能量价格和相应绿色电力证书（以下简称绿证）价格；省内绿色电力交易中不单独组织集中竞价和滚动撮合交易。

鼓励新能源发电企业与电力用户签订多年期购电协议，提前管理市场风险，形成稳定供求关系。指导电力交易机构在合理衔接、风险可控的前提下，探索组织开展多年期交易。

三、建立健全支持新能源高质量发展的制度机制

（四）建立新能源可持续发展价格结算机制。新能源参与电力市场交易后，在市场外建立差价结算的机制，纳入机制的新能源电价水平（以下简称机制电价）、电量规模、执行期限等由省级价格主管部门会同省级能源主管部门、电力运行主管部门等明确。对纳入机制的电量，市场交易均价低于或高于机制电价的部分，由电网企业按规定开展差价结算，结算费用纳入当地系统运行费用。

（五）新能源可持续发展价格结算机制的电量规模、机制电价和执行期限。2025 年 6 月 1 日以前投产的新能源存量项目：（1）电量规模，由各地妥善衔接现行具有保障性质的相关电量规模政策。新能源项目在规模范围内每年自主确定执行机制的电量比例、但不得高于上一年。鼓励新能源项目通过设备更新改造升级等方式提升竞争力，主动参与市场竞争。（2）机制电价，按现行价格政策执行，不高于当地煤电基准价。（3）执行期限，按照现行相关政策保障期限确定。光热发电项目、已开展竞争性配置的海上风电项目，按照各地现行政策执行。

2025 年 6 月 1 日起投产的新能源增量项目：（1）每年新增

纳入机制的电量规模，由各地根据国家下达的年度非水电可再生能源电力消纳责任权重完成情况，以及用户承受能力等因素确定。超出消纳责任权重的，次年纳入机制的电量规模可适当减少；未完成的，次年纳入机制的电量规模可适当增加。通知实施后第一年新增纳入机制的电量占当地增量项目新能源上网电量的比例，要与现有新能源价格非市场化比例适当衔接、避免过度波动。单个项目申请纳入机制的电量，可适当低于其全部发电量。（2）机制电价，由各地每年组织已投产和未来12个月内投产、且未纳入过机制执行范围的项目自愿参与竞价形成，初期对成本差异大的可按技术类型分类组织。竞价时按报价从低到高确定入选项目，机制电价原则上按入选项目最高报价确定、但不得高于竞价上限。竞价上限由省级价格主管部门考虑合理成本收益、绿色价值、电力市场供需形势、用户承受能力等因素确定，初期可考虑成本因素、避免无序竞争等设定竞价下限。（3）执行期限，按照同类项目回收初始投资的平均期限确定，起始时间按项目申报的投产时间确定，入选时已投产的项目按入选时间确定。

（六）新能源可持续发展价格结算机制的结算方式。对纳入机制的电量，电网企业每月按机制电价开展差价结算，将市场交易均价与机制电价的差额纳入当地系统运行费用；初期不再开展其他形式的差价结算。电力现货市场连续运行地区，市场交易均价原则上按照月度发电侧实时市场同类项目加权平均价格确定；电力现货市场未连续运行地区，市场交易均价原则上按照交易活跃周期的发电侧中长期交易同类项目加权平均价格确定。各地将每年纳入机制的电量分解至月度，各月实际上网电量低于当月分解电量的，按实际上网电量结算，并在年内按月滚动清算。

（七）新能源可持续发展价格结算机制的退出规则。 已纳入机制的新能源项目，执行期限内可自愿申请退出。新能源项目执行到期，或者在期限内自愿退出的，均不再纳入机制执行范围。

四、保障措施

（八）加强组织落实。 各省级价格主管部门会同能源主管部门、电力运行主管部门等制定具体方案，做好影响测算分析，充分听取有关方面意见，周密组织落实，主动协调解决实施过程中遇到的问题；加强政策宣传解读，及时回应社会关切，凝聚改革共识。国家能源局派出机构会同有关部门加强市场监管，保障新能源公平参与交易，促进市场平稳运行。电网企业做好结算和合同签订等相关工作，对新能源可持续发展价格结算机制执行结果单独归集。

（九）强化政策协同。 强化规划协同，各地改革实施方案要有利于国家新能源发展规划目标的落实，并做好与国家能源电力规划的衔接。强化改革与绿证政策协同，纳入可持续发展价格结算机制的电量，不重复获得绿证收益。电网企业可通过市场化方式采购新能源电量作为代理购电来源。强化改革与市场协同，新能源参与市场后因报价等因素未上网电量，不纳入新能源利用率统计与考核。强化改革与优化环境协同，坚决纠正不当干预电力市场行为，不得向新能源不合理分摊费用，不得将配置储能作为新建新能源项目核准、并网、上网等的前置条件。享有财政补贴的新能源项目，全生命周期合理利用小时数内的补贴标准按照原有规定执行。

（十）做好跟踪评估。 各地要密切跟踪市场价格波动、新能源发电成本和收益变化、终端用户电价水平等，认真评估改革对行业发展和企业经营等方面的影响，及时总结改革成效，优化政策实施，持续增强市场价格信号对新能源发展的引导作用。国家结合新能源技术进步、电力市场发展、绿色电力消费增长和绿证市场发展等情况，不断完善可再生能源消纳责任权重制度，适时对新能源可持续发展价格结算机制进行评估优化、条件成熟时择机退出。

各地要在 2025 年底前出台并实施具体方案，实施过程中遇有问题及时向国家发展改革委、国家能源局报告，国家将加强指导。现行政策相关规定与本通知不符的，以本通知为准。对生物质、地热等发电项目，各地可参照本通知研究制定市场化方案。

国家发展改革委

国家能源局

2025 年 1 月 27 日

附录 C

可再生能源绿色电力证书
核发和交易规则

第一章 总 则

第一条 为规范可再生能源绿色电力证书〔Green Electricity Certificate（GEC），以下简称绿证〕核发和交易，依法维护各方合法权益，根据《国家发展改革委 财政部 国家能源局关于做好可再生能源绿色电力证书全覆盖工作 促进可再生能源电力消费的通知》（发改能源〔2023〕1044 号）等要求，制定本规则。

第二条 本规则适用于我国境内生产的风电（含分散式风电和海上风电）、太阳能发电（含分布式光伏发电和光热发电）、常规水电、生物质发电、地热能发电、海洋能发电等可再生能源发电项目电量对应绿证的核发、交易及相关管理工作。

第三条 绿证是我国可再生能源电量环境属性的唯一证明，是认定可再生能源电力生产、消费的唯一凭证。绿证核发和交易应坚持"统一核发、交易开放、市场竞争、信息透明、全程可溯"的原则，核发由国家统一组织，交易面向社会开放，价格通过市场化方式形成，信息披露及时、准确，全生命周期数据真实可信、防篡改、可追溯。

第二章 职责分工

第四条 国家能源局负责绿证具体政策设计，制定核发交易相关规则，指导核发机构和交易机构开展具体工作。

第五条 国家能源局电力业务资质管理中心（以下简称国家能源局资质中心）具体负责绿证核发工作。

第六条 电网企业、电力交易机构、国家可再生能源信息管理中心配合做好绿证核发工作，为绿证核发、交易、应用、核销等提供数据和技术支撑。

第七条 绿证交易机构按相关规范要求负责各自绿证交易平台建设运营，组织开展绿证交易，并按要求将交易信息同步至国家绿证核发交易系统。

第八条 绿证交易主体包括卖方和买方。卖方为已建档立卡的发电企业或项目业主，买方为符合国家有关规定的法人、非法人组织和自然人。买方和卖方应依照本规则合法合规参与绿证交易。交易主体可委托代理机构参与绿证核发和交易。

第九条 电网企业、电力交易机构、发电企业或项目业主，以及交易主体委托的代理机构，应按要求及时提供或核对绿证核发所需信息，并对信息的真实性、准确性负责。电网企业还应按相关规定，做好参与电力市场交易补贴项目绿证收益的补贴扣减。

第三章 绿证账户

第十条 交易主体应在国家绿证核发交易系统建立唯一的实名绿证账户，用于参与绿证核发和交易，记载其持有的绿证情况。其中：

卖方在国家可再生能源发电项目信息管理平台完成可再生能源发电项目建档立卡后，在国家绿证核发交易系统注册绿证账户，注册信息自动同步至各绿证交易平台。买方可在国家绿证核发交易系统注册绿证账户，也可通过任一绿证交易平台提供注册相关信息，注册相关信息自动推送至国家绿证核发交易系统并生成绿证账户。省级专用账户通过国家绿证核发交易系统统一分配，由各省级发改、能源主管部门统筹管理，用于参与绿证交易和接受无偿划转的绿证。国家能源局资质中心可依据补贴项目参与绿色电力交易相关要求，设立相应的绿证专用账户。

第十一条　交易主体注册绿证账户时应按要求提交营业执照或国家认可的身份证明等材料，并保证账户注册申请资料真实完整、准确有效。其中卖方还须承诺仅申领中国绿证、不重复申领其他同属性凭证。

第十二条　当注册信息发生变化时，交易主体应及时提交账户信息变更申请。账户可通过原注册渠道申请注销，注销后交易主体无法使用该账户进行相关操作。

第四章　绿证核发

第十三条　可再生能源发电项目电量由国家能源局按月统一核发绿证，稳步提升核发效率。

第十四条　对风电（含分散式风电和海上风电）、太阳能发电（含分布式光伏发电和光热发电）、生物质发电、地热能发电、海洋能发电等可再生能源发电项目上网电量，以及 2023 年 1 月 1 日（含）以后新投产的完全市场化常规水电项目上网电量，核发可交易绿证。对项目自发自用电量和 2023 年 1 月 1 日

（不含）之前的常规存量水电项目上网电量，现阶段核发绿证但暂不参与交易。

可交易绿证核发范围动态调整。

第十五条 1个绿证单位对应1000千瓦时可再生能源电量。不足核发1个绿证的当月电量结转至次月。

第十六条 绿证核发原则上以电网企业、电力交易机构提供的数据为基础，与发电企业或项目业主提供数据相核对。

电网企业、电力交易机构应在每月22日前，通过国家绿证核发交易系统推送绿证核发所需上月电量信息。

对于自发自用等电网企业无法提供绿证核发所需电量信息的，可再生能源发电企业或项目业主可直接或委托代理机构提供电量信息，并附电量计量等相关证明材料，还应定期提交经法定电能计量检定机构出具的电能量计量装置检定证明。

第十七条 国家能源局资质中心依托国家绿证核发交易系统开展绿证核发工作。对于电网企业、电力交易机构无法提供绿证核发所需信息的，国家可再生能源信息管理中心对发电企业或项目业主申报数据及材料初核，国家能源局资质中心复核后核发相应绿证。

第五章　交易及划转

第十八条 绿证既可单独交易；也可随可再生能源电量一同交易，并在交易合同中单独约定绿证数量、价格及交割时间等条款。

第十九条 绿证在符合国家相关规范要求的平台开展交易，目前依托中国绿色电力证书交易平台，以及北京、广州电力交易中心开展绿证单独交易；依托北京、广州、内蒙古电力交易中心开展跨省区绿色电力交易，依托各省（区、市）电力交易中心开展省内绿色电力交易。

绿证交易平台按国家需要适时拓展。

第二十条 现阶段绿证仅可交易一次。绿证交易最小单位为 1 个，价格单位为元 / 个。

第二十一条 绿证交易的组织方式主要包括挂牌交易、双边协商、集中竞价等，交易价格由市场化方式形成。国家绿证核发交易系统与各绿证交易平台实时同步待出售绿证和绿证交易信息，确保同一绿证不重复成交。

（一）挂牌交易。卖方可同时将拟出售绿证的数量和价格等相关信息在多个绿证交易平台挂牌，买方通过摘牌的方式完成绿证交易和结算。

（二）双边协商交易。买卖双方可自主协商确定绿证交易的数量和价格，并通过选定的绿证交易平台完成交易和结算。鼓励双方签订省内、省间中长期双边交易合同，提前约定双边交易的绿证数量、价格及交割时间等。

（三）集中竞价交易。按需适时组织开展，具体规则另行明确。

第二十二条 可交易绿证完成交易后，交易平台应将交易主体、数量、价格、交割时间等信息实时同步至国家绿证核发交易系统。国家能源局资质中心依绿证交易信息实时做好绿证划转，划转后的绿证相关信息与对应交易平台同步。

对 2023 年 1 月 1 日（不含）前投产的存量常规水电项目对应绿证，依据电网企业、电力交易机构报送的水电电量交易结算结果，从卖方账户直接划转至买方账户；电网代理购电的，相应绿证依电量交易结算结果自动划转至相应省级绿证账户，绿证分配至用户的具体方式由省级能源主管部门会同相关部门确定。

第二十三条 参与绿色电力交易的对应绿证通过国家绿证核发交易系统，由国家能源局资质中心依绿色电力交易结算信息做好绿证划转，划转后的绿证相关信息与对应电力交易中心同步。绿色电力交易组织方式等按相关规则执行。

第二十四条 绿证有效期2年，时间自电量生产自然月（含）起计算。

对2024年1月1日（不含）之前的可再生能源发电项目电量，对应绿证有效期延至2025年底。

超过有效期或已声明完成绿色电力消费的绿证，国家能源局资质中心应及时予以核销。

第二十五条 任何单位不得采取强制性手段直接或间接干扰绿证市场，包括干涉绿证交易价格形成机制、限制绿证交易区域等。

第六章 信息管理

第二十六条 国家绿证核发交易系统建设和运行管理由国家能源局资质中心组织实施，国家可再生能源信息管理中心配合。

第二十七条 国家绿证核发交易系统提供绿证在线查验服务，用户登录绿证账户或通过扫描绿证二维码，可获取绿证编码、项目名称、项目类型、电量生产日期等信息。

第二十八条 国家能源局资质中心按要求汇总统计全国绿证核发和交易信息，按月编制发布绿证核发和交易报告。支撑绿证与可再生能源电力消纳责任权重、能耗"双控"、碳市场等有效衔接，国家可再生能源信息管理中心会同电网企业、电力交易机构按有关要求及时核算相关绿证交易数据。

第二十九条　国家能源局资质中心通过国家绿证核发交易系统披露全国绿证核发、交易和核销信息，各绿证交易平台定期披露本平台绿证交易和核销信息。披露内容主要包括绿证核发量、交易量、平均交易价格、核销信息等。

第三十条　国家绿证核发交易系统和各绿证交易平台应按照国家相关信息数据安全管理要求，利用人工智能、云计算、区块链等新技术，保障绿证核发交易数据真实可信、系统安全可靠、全过程防篡改、可追溯，相关信息留存 5 年以上备查。

第七章　绿证监管

第三十一条　国家能源局各派出机构会同地方相关部门做好辖区内绿证制度实施的监管，及时提出监管意见和建议。国家能源局会同有关部门做好指导。

第三十二条　因推送数据迟延、填报信息有误、系统故障等原因导致绿证核发或交易有误的，国家能源局资质中心或绿证交易平台应及时予以纠正。

第三十三条　当出现以下情况时，依法依规采取以下处置措施。

（一）对于绿证对应电量重复申领其他同属性凭证，或存在数据造假等行为的卖方主体，以及为绿证对应电量颁发其他同属性凭证的绿证交易平台，责令其改正；拒不改正的，予以约谈。

对于扰乱正常绿证交易市场秩序的交易主体，责令其改正；拒不改正的，予以约谈。

（二）对于发生违纪违法问题，按程序移交纪检监察和司法部门处理。

第八章 附 则

第三十四条 国家能源局资质中心依据本规则编制绿证核发实施细则，各绿证交易平台依据本规则完善绿证交易实施细则。

第三十五条 本规则由国家能源局负责解释。

本规则自印发之日起实施，有效期5年。

附录 D

国家发展改革委　财政部　国家能源局关于做好可再生能源绿色电力证书全覆盖工作促进可再生能源电力消费的通知

发改能源〔2023〕1044 号

各省、自治区、直辖市、新疆生产建设兵团发展改革委、财政厅（局）、能源局，国家能源局各派出机构，国家电网有限公司、中国南方电网有限责任公司、内蒙古电力（集团）有限责任公司，有关中央企业，水电水利规划设计总院、电力规划设计总院：

为贯彻落实党的二十大精神，完善支持绿色发展政策，积极稳妥推进碳达峰碳中和，做好可再生能源绿色电力证书全覆盖工作，促进可再生能源电力消费，保障可再生能源电力消纳，服务能源安全保供和绿色低碳转型，现就有关事项通知如下。

一、总体要求

深入贯彻党的二十大精神和习近平总书记"四个革命、一个合作"能源安全新战略，落实党中央、国务院决策部署，进一步健全完善可再生能源绿色电力证书（以下简称绿证）制度，明确绿证适用范围，规范绿证核发，健全绿证交易，扩大绿电消费，完善绿证应用，实现绿证对可再生能源电力的全覆盖，进一步发挥绿证在构建可再生能源电力绿色低碳环境价值体系、促进可再生能源开发利用、引导全社会绿色消费等方面的作用，为保障能源安全可靠供应、实现碳达峰碳中和目标、推动经济社会绿色低碳转型和高质量发展提供有力支撑。

二、明确绿证的适用范围

（一）绿证是我国可再生能源电量环境属性的唯一证明，是认定可再生能源电力生产、消费的唯一凭证。

（二）国家对符合条件的可再生能源电量核发绿证，1个绿证单位对应 1000 千瓦时可再生能源电量。

（三）绿证作为可再生能源电力消费凭证，用于可再生能源电力消费量核算、可再生能源电力消费认证等，其中：可交易绿证除用作可再生能源电力消费凭证外，还可通过参与绿证绿电交易等方式在发电企业和用户间有偿转让。国家发展改革委、国家能源局负责确定核发可交易绿证的范围，并根据可再生能源电力生产消费情况动态调整。

三、规范绿证核发

（四）国家能源局负责绿证相关管理工作。绿证核发原则上以电网企业、电力交易机构提供的数据为基础，与发电企业或项目业主提供数据相核对。绿证对应电量不得重复申领电力领域其他同属性凭证。

（五）对全国风电（含分散式风电和海上风电）、太阳能发电（含分布式光伏发电和光热发电）、常规水电、生物质发电、地热能发电、海洋能发电等已建档立卡的可再生能源发电项目所生产的全部电量核发绿证，实现绿证核发全覆盖。其中：

对集中式风电（含海上风电）、集中式太阳能发电（含光热发电）项目的上网电量，核发可交易绿证。

对分散式风电、分布式光伏发电项目的上网电量，核发可交易绿证。

对生物质发电、地热能发电、海洋能发电等可再生能源发电项目的上网电量，核发可交易绿证。

对存量常规水电项目，暂不核发可交易绿证，相应的绿证随电量直接无偿划转。对 2023 年 1 月 1 日（含）以后新投产的完全市场化常规水电项目，核发可交易绿证。

四、完善绿证交易

（六）绿证依托中国绿色电力证书交易平台，以及北京电力交易中心、广州电力交易中心开展交易，适时拓展至国家认可的其他交易平台，绿证交易信息应实时同步至核发机构。现阶段可交易绿证仅可交易一次。

（七）绿证交易采取双边协商、挂牌、集中竞价等方式进行。其中，双边协商交易由市场主体双方自主协商绿证交易数量和价格；挂牌交易中绿证数量和价格信息在交易平台发布；集中竞价交易按需适时组织开展，按照相关规则明确交易数量和价格。

（八）对享受中央财政补贴的项目绿证，初期采用双边协商和挂牌方式为主，创造条件推动尽快采用集中竞价方式进行交易，绿证收益按相关规定执行。平价（低价）项目、自愿放弃中央财政补贴和中央财政补贴已到期项目，绿证交易方式不限，绿证收益归发电企业或项目业主所有。

五、有序做好绿证应用工作

（九）支撑绿色电力交易。在电力交易机构参加绿色电力交易的，相应绿证由核发机构批量推送至电力交易机构，电力交易机构按交易合同或双边协商约定将绿证随绿色电力一同交易，交易合同中应分别明确绿证和物理电量的交易量、交易价格。

（十）核算可再生能源消费。落实可再生能源消费不纳入能源消耗总量和强度控制，国家统计局会同国家能源局核定全国和各地区可再生能源电力消费数据。

（十一）认证绿色电力消费。以绿证作为电力用户绿色电力消费和绿电属性标识认证的唯一凭证，建立基于绿证的绿色电力消费认证标准、制度和标识体系。认证机构通过两年内的绿证开展绿色电力消费认证，时间自电量生产自然月（含）起，认证信息应及时同步至核发机构。

（十二）衔接碳市场。研究推进绿证与全国碳排放权交易机制、温室气体自愿减排交易机制的衔接协调，更好发挥制度合力。

（十三）推动绿证国际互认。我国可再生能源电量原则上只能申领核发国内绿证，在不影响国家自主贡献目标实现的前提下，积极推动国际组织的绿色消费、碳减排体系与国内绿证衔接。加强绿证核发、计量、交易等国际标准研究制定，提高绿证的国际影响力。

六、鼓励绿色电力消费

（十四）深入开展绿证宣传和推广工作，在全社会营造可再生能源电力消费氛围，鼓励社会各用能单位主动承担可再生能源电力消费社会责任。鼓励跨国公司及其产业链企业、外向型企业、行业龙头企业购买绿证、使用绿电，发挥示范带动作用。推动中央企业、地方国有企业、机关和事业单位发挥先行带头作用，稳步提升绿电消费比例。强化高耗能企业绿电消费责任，按要求提升绿电消费水平。支持重点企业、园区、城市等高比例消费绿色电力，打造绿色电力企业、绿色电力园区、绿色电力城市。

七、严格防范、严厉查处弄虚作假行为

（十五）严格防范、严厉查处在绿证核发、交易及绿电交易等过程中的造假行为。加大对电网企业、电力交易机构、电力调度机构的监管力度，做好发电企业或项目业主提供数据之间的核对工作。适时组织开展绿证有关工作抽查，对抽查发现的造假等行为，采用通报、约谈、取消一定时期内发证及交易等手段督促其整改，重大违规违纪问题按程序移交纪检监察及审计部门。

八、加强组织实施

（十六）绿证核发机构应按照国家可再生能源发电项目建档立卡赋码规则设计绿证统一编号，制定绿证相关信息的加密、防伪、交互共享等相关技术标准及规范，建设国家绿证核发交易系统，全面做好绿证核发、交易、划转等工作，公开绿证核发、交易信息，做好绿证防伪查验工作，加强绿证、可再生能源消费等数据共享。

（十七）电网企业、电力交易机构应及时提供绿证核发所需信息，参与制定相关技术标准及规范。发电企业或项目业主应提供项目电量信息或电量结算材料作为核对参考。对于电网企业、电力交易机构不能提供绿证核发所需信息的项目，原则上由发电企业或项目业主提供绿证核发所需信息的材料。

（十八）各发电企业或项目业主应及时建档立卡。各用能单位、各已建档立卡的发电企业或项目业主应按照绿证核发和交易规则，在国家绿证核发交易系统注册账户，用于绿证核发和交易。省级专用账户由绿证核发机构统一分配，由各省级发改、能源部门统筹管理，用于接受无偿划转的绿证。

（十九）国家能源局负责制定绿证核发和交易规则，组织开

展绿证核发和交易，监督管理实施情况，并会同有关部门根据实施情况适时调整完善政策措施，共同推动绿证交易规模和应用场景不断扩大。国家能源局各派出机构做好辖区内绿证制度实施的监管，及时提出监管意见和建议。

（二十）《关于试行可再生能源绿色电力证书核发及自愿认购交易制度的通知》（发改能源〔2017〕132号）即行废止。

国家发展改革委

财政部

国家能源局

2023年7月25日

附录 E

国家发展改革委　国家能源局农业农村部关于组织开展"千乡万村驭风行动"的通知

发改能源〔2024〕378 号

各省、自治区、直辖市及新疆生产建设兵团发展改革委、能源局、农业农村（农牧）厅（局、委），国家能源局各派出机构，国家电网有限公司、中国南方电网有限责任公司、内蒙古电力集团有限公司：

我国农村地区风能资源丰富、分布广泛。在农村地区充分利用零散土地，因地制宜推动风电就地就近开发利用，对于壮大村集体经济、助力乡村振兴，促进农村能源绿色低碳转型、实现碳达峰碳中和意义重大。为贯彻《中共中央国务院关于学习运用"千村示范、万村整治"工程经验有力有效推进乡村全面振兴的意见》精神，落实《"十四五"可再生能源发展规划》，现就组织开展"千乡万村驭风行动"有关事项通知如下。

一、总体要求

（一）指导思想

以习近平新时代中国特色社会主义思想为指导，全面贯彻党的二十大精神，深入落实"四个革命、一个合作"能源安全新战略，锚定碳达峰碳中和目标，实施"千乡万村驭风行动"，促进农村地区风电就地就近开发利用，创新开发利用场景、投

99

资建设模式和收益共享机制，推动风电成为农村能源革命的新载体、助力乡村振兴的新动能，为农村能源绿色低碳转型、建设宜居宜业和美乡村提供有力支撑。

（二）基本原则

因地制宜、统筹谋划。以各地农村风能资源和零散空闲土地资源为基础，统筹经济社会发展、生态环境保护、电网承载力和生产运行安全等，合理安排风电就地就近开发利用的规模、项目和布局，能建则建，试点先行，条件成熟一个就实施一个，不一窝蜂，不一哄而上。

村企合作、惠民利民。结合村集体经济发展，以村为单位，以村企合作为主要形式，以收益共享为目的，充分调动村集体和投资企业双方积极性，充分尊重农民意愿，切实保障农民利益，使风电发展更多惠及农村农民，赋能乡村振兴。

生态优先、融合发展。以符合用地和环保政策为前提，促进风电开发与乡村风貌有机结合。鼓励采用适宜乡村环境的节地型、低噪声、高效率、智能化的风电机组和技术，实现与农村能源协同互补，与乡村产业深度融合。

（三）主要目标

"十四五"期间，在具备条件的县（市、区、旗）域农村地区，以村为单位，建成一批就地就近开发利用的风电项目，原则上每个行政村不超过 20 兆瓦，探索形成"村企合作"的风电投资建设新模式和"共建共享"的收益分配新机制，推动构建"村里有风电、集体增收益、村民得实惠"的风电开发利用新格局。

二、组织实施

（一）各省级能源主管部门会同农业农村部门、电网企业等单位，结合实际研究提出本省（自治区、直辖市）"千乡万村驭风行动"总体方案，明确开发利用规模、重点发展区域、生态环保要求和相关保障措施等，在本省（自治区、直辖市）选择具备条件的行政村先行试点，根据试点情况适时推广。

（二）各地市根据省级总体方案，按县（市、区、旗）编制细化实施方案，明确项目场址布局、装机规模、建设安排、土地利用、生态环保和利益分配机制等，在省级能源等部门的组织下，有序推动实施。

（三）电网企业配合各级能源主管部门编制"千乡万村驭风行动"总体方案和实施方案，做好风电项目的并网接入工作，结合各县（市、区、旗）需求，积极开展农村电网改造升级及配套电网建设，保障相关风电项目"应并尽并"。加强机组并网安全技术管理，确保机组满足电网安全运行条件。

（四）各类投资主体与相关村集体按"村企合作"模式，建立产权清晰、责任共担、利益共享的合作机制，共同参与风电项目开发建设运营，加强运维检修管理，保障机组稳定可靠运行和项目生产安全。项目收益共享情况及时报县级农业农村主管部门。

（五）县级农业农村主管部门及时了解和掌握本地已纳入"千乡万村驭风行动"的风电项目收益共享落实情况，协调发挥项目收益在壮大村集体经济和助力乡村振兴中的作用。

（六）风电设备制造企业加强技术创新，积极研发适宜乡村环境的风电机组，为"千乡万村驭风行动"提供设备支撑。

三、政策支持

（一）优化审批程序。 鼓励各地对"千乡万村驭风行动"风电项目探索试行备案制，结合实际提供"一站式"服务，对同一个行政村或临近村联合开发的项目，统一办理前期手续。对于不涉及水土保持、环境保护、植被恢复、压覆矿产等敏感区域的项目，由投资主体会同村集体出具承诺，相关主管部门出具支持意见，即可依法加快办理相关手续。

（二）依法办理用地。 在符合国土空间规划，不涉及永久基本农田、生态保护红线、自然保护地和国家沙化土地封禁保护区的前提下，充分利用农村零散非耕地，依法依规办理"千乡万村驭风行动"风电项目用地。对不占压耕地、不改变地表形态、不改变土地用途的用地，探索以租赁等方式获得。确需占用耕地的，应当依法依规办理用地手续。鼓励推广使用占地面积小、不改变地表形态、不破坏耕作层的节地技术和节地模式，节约集约使用土地。

（三）保障并网消纳。 "千乡万村驭风行动"风电项目由电网企业实施保障性并网，以就近就地消纳为主，上网电价按照并网当年新能源上网电价政策执行，鼓励参与市场化交易，参与市场交易电量不参与辅助服务费用分摊。

（四）鼓励模式创新。 鼓励依法通过土地使用权入股等方式共享"千乡万村驭风行动"风电项目收益，探索乡村能源合作新模式。鼓励风电与分布式光伏等其他清洁能源形成乡村多能互补综合能源系统，对实施效果显著的项目，适时纳入村镇新能源微能网示范等可再生能源发展试点示范。

（五）加强金融支持。 落实绿色金融和乡村振兴金融政策，创新投融资方式，在融资、贷款等方面进一步加大对"千乡万村驭风行动"风电项目的支持力度。

四、保障措施

（一）加强组织领导。 各地要充分认识实施"千乡万村驭风行动"对于推动农村能源革命、助力乡村振兴的重要意义，切实发挥乡村风电的经济、社会和环境效益，科学谋划、精心组织，在确保安全、质量、环保和高水平消纳的前提下，积极稳妥有序实施。

（二）**完善市场机制**。充分发挥市场配置资源的决定性作用，更好发挥政府作用，不得以配套产业、变相收取资源费等名义，增加不合理投资成本，积极营造公平、公开、公正环境。鼓励和支持民营企业和民营资本积极参与"千乡万村驭风行动"。

（三）**保护生态环境**。"千乡万村驭风行动"风电项目依法开展环境影响评价，在满足风电通用技术标准和生态环境保护要求的基础上，重点关注项目对周边生产、生活、生态可能带来的影响，采用低噪声风电机组，提高安全防护要求，避让鸟类迁徙通道、集群活动区域和栖息地，做好风电设施退役后固废处理处置工作，积极融入乡村风貌，助力建设宜居宜业和美乡村。

（四）**加强监测监管**。各省级能源主管部门每年 12 月底前将"千乡万村驭风行动"实施情况报送国家能源局和农业农村部，抄送相关国家能源局派出机构，并将具体项目抄送国家可再生能源信息管理中心开展建档立卡。各省级能源主管部门、农业农村部门和国家能源局派出机构加强项目监管，加强信息公开，充分发挥社会监督作用，切实保障各方合法合理权益。

国家发展改革委

国家能源局

农业农村部

2024 年 3 月 25 日

附录 F

国家能源局关于做好新能源消纳工作保障新能源高质量发展的通知

国能发电力〔2024〕44 号

各省（自治区、直辖市）能源局，有关省（自治区、直辖市）及新疆生产建设兵团发展改革委，北京市城市管理委员会，各派出机构，有关电力企业：

做好新形势下新能源消纳工作，是规划建设新型能源体系、构建新型电力系统的重要内容，对提升非化石能源消费比重、推动实现"双碳"目标具有重要意义。为深入贯彻落实习近平总书记在中共中央政治局第十二次集体学习时的重要讲话精神，提升电力系统对新能源的消纳能力，确保新能源大规模发展的同时保持合理利用水平，推动新能源高质量发展，现就有关事项通知如下。

一、加快推进新能源配套电网项目建设

（一）加强规划管理。 对 500 千伏及以上配套电网项目，国家能源局每年组织国家电力发展规划内项目调整，并为国家布局的大型风电光伏基地、流域水风光一体化基地等重点项目开辟纳规"绿色通道"，加快推动一批新能源配套电网项目纳规。对 500 千伏以下配套电网项目，省级能源主管部门要优化管理流程，做好项目规划管理；结合分布式新能源的开发方案、项目布局等，组织电网企业统筹编制配电网发展规划，科学加强配电网建设，提升分布式新能源承载力。

（二）**加快项目建设。**各级能源主管部门会同电网企业，每年按权限对已纳入规划的新能源配套电网项目建立项目清单，在确保安全的前提下加快推进前期、核准和建设工作，电网企业按季度向能源主管部门报送项目进展情况，同时抄送所在地相应的国家能源局派出机构。电网企业承担电网工程建设主体责任，要会同发电企业统筹确定新能源和配套电网项目的建设投产时序，优化投资计划安排，与项目前期工作进度做好衔接，不得因资金安排不及时影响项目建设。对电网企业建设有困难或规划建设时序不匹配的新能源配套送出工程，允许发电企业投资建设，经电网企业与发电企业双方协商同意后可在适当时机由电网企业依法依规进行回购。为做好 2024 年新能源消纳工作，重点推动一批配套电网项目建设（详见附件 1、2）。

（三）**优化接网流程。**电网企业要优化工作流程，简化审核环节，推行并联办理，缩减办理时限，进一步提高效率。要按照国家关于电网公平开放的相关规定，主动为新能源接入电网提供服务，更多采取"线上受理""一次告知"等方式受理接入电网申请。

二、积极推进系统调节能力提升和网源协调发展

（四）**加强系统调节能力建设。**省级能源主管部门要会同国家能源局派出机构及相关部门，根据新能源增长规模和利用率目标，开展电力系统调节能力需求分析，因地制宜制定本地区电力系统调节能力提升方案，明确新增煤电灵活性改造、调节电源、抽水蓄能、新型储能和负荷侧调节能力规模，以及省间互济等调节措施，并组织做好落实。国家能源局结合国家电力

发展规划编制，组织开展跨省区系统调节能力优化布局工作，促进调节资源优化配置。

（五）**强化调节资源效果评估认定。**省级能源主管部门要会同国家能源局派出机构，组织电网企业等单位，开展煤电机组灵活性改造效果综合评估，认定实际调节能力，分析运行情况，提出改进要求；开展对各类储能设施调节性能的评估认定，提出管理要求，保障调节效果；合理评估负荷侧调节资源参与系统调节的规模和置信度，持续挖掘潜力。

（六）**有序安排新能源项目建设。**省级能源主管部门要结合消纳能力，科学安排集中式新能源的开发布局、投产时序和消纳方向，指导督促市（县）级能源主管部门合理安排分布式新能源的开发布局，督促企业切实抓好落实，加强新能源与配套电网建设的协同力度。对列入规划布局方案的沙漠戈壁荒漠地区大型风电光伏基地，要按照国家有关部门关于风电光伏基地与配套特高压通道开工建设的时序要求，统筹推进新能源项目建设。

（七）**切实提升新能源并网性能。**发电企业要大力提升新能源友好并网性能，探索应用长时间尺度功率预测、构网型新能源、各类新型储能等新技术，提升新能源功率预测精度和主动支撑能力。电网企业要积极与发电企业合作，加强省级/区域级新能源场站基础信息和历史数据共享，共同促进新能源友好并网技术进步。国家能源局组织修订新能源并网标准，明确新能源并网运行规范，推动标准实施应用，提升新能源并网性能，促进新能源高质量发展。

三、充分发挥电网资源配置平台作用

（八）**进一步提升电网资源配置能力。**电网企业要结合新能源基地建设，进一步提升跨省跨区输电通道输送新能源比例；根据新能源消纳需要及时调整运行方式，加强省间互济，拓展消纳范围；全面提升配电网可观可测、可调可控能力；完善调度运行规程，促进各类调节资源公平调用和调节能力充分发挥；构建智慧化调度系统，提高电网对高比例新能源的调控能力。因地制宜推动新能源微电网、可再生能源局域网建设，提升分布式新能源消纳能力。

（九）**充分发挥电力市场机制作用。**省级能源主管部门、国家能源局派出机构及相关部门按职责加快建设与新能源特性相适应的电力市场机制。优化省间电力交易机制，根据合同约定，允许送电方在受端省份电价较低时段，通过采购受端省份新能源电量完成送电计划。加快电力现货市场建设，进一步推动新能源参与电力市场。打破省间壁垒，不得限制跨省新能源交易。探索分布式新能源通过聚合代理等方式有序公平参与市场交易。建立健全区域电力市场，优化区域内省间错峰互济空间和资源共享能力。

四、科学优化新能源利用率目标

（十）**科学确定各地新能源利用率目标。**省级能源主管部门要会同相关部门，在科学开展新能源消纳分析的基础上，充分考虑新能源发展、系统承载力、系统经济性、用户承受能力等因素，与本地区电网企业、发电企业充分衔接后，确定新能源利用率目标。部分资源条件较好的地区可适当放宽新能源利用率目标，原则上不低于90%，并根据消纳形势开展年度动态评估。

（十一）**优化新能源利用率目标管理方式。**省级能源主管部门对本地区新能源利用率目标承担总体责任，于每年一季度按相关原则组织有关单位研究提出当年新能源利用率目标。各省份新能源利用率目标要抄报国家能源局，并抄送所在地相应的国家能源局派出机构，国家能源局会同有关单位进行全国统筹，必要时对部分省份的目标进行调整。

（十二）强化新能源利用率目标执行。省级能源主管部门根据当年可再生能源电力消纳责任权重目标及新能源利用率目标，确定新能源年度开发方案和配套消纳方案。新能源年度开发方案要分地区确定开发规模，集中式新能源要具体到项目和投产时序，消纳方案要明确各类调节能力建设安排、拓展消纳空间的措施及实施效果。电网企业要进一步压实责任，围绕新能源利用率目标持续完善消纳保障措施。对实际利用率未达目标的省份，国家能源局以约谈、通报等方式予以督促整改。

五、扎实做好新能源消纳数据统计管理

（十三）统一新能源利用率统计口径。发电和电网企业要严格落实国家能源局《风电场利用率监测统计管理办法》（国能发新能规〔2022〕49号）和《光伏电站消纳监测统计管理办法》（国能发新能规〔2021〕57号）（以下简称《办法》）规定的风电场、光伏电站可用发电量和受限电量统计方法，新能源利用率按仅考虑系统原因受限电量的情况计算，电网企业要明确并公布特殊原因受限电量的认定标准及计算说明。

（十四）加强新能源消纳数据校核。发电和电网企业要严格按《办法》要求，向全国新能源电力消纳监测预警中心报送新能源并网规模、利用率和可用发电量、实际发电量、受限电量、特殊原因受限电量等基础数据，配合全国新能源电力消纳监测预警中心做好数据统计校核。全国新能源电力消纳监测预警中心会同国家可再生能源信息管理中心共同开展新能源消纳数据统计校核工作，向国家能源局报送新能源消纳情况。

（十五）**强化信息披露和统计监管。**各级电网企业严格按《办法》要求，每月向其电力调度机构调度范围内的风电场、光伏电站披露利用率及可用发电量、实际发电量、受限电量、特殊原因受限电量等基础数据。国家能源局派出机构对发电和电网企业的新能源消纳数据统计工作开展监督检查，督促相关单位如实统计、披露数据。

六、常态化开展新能源消纳监测分析和监管工作

（十六）**加强监测分析和预警。**国家能源局组织全国新能源电力消纳监测预警中心、国家可再生能源信息管理中心，开展月度消纳监测、半年分析会商和年度消纳评估工作。全面跟踪分析全国新能源消纳形势，专题研究新能源消纳困难地区问题，督促各单位按职责分工落实。每年一季度，做好上年度新能源消纳工作总结，滚动测算各省份本年度新能源利用率和新能源消纳空间，同步开展中长周期（3—5 年）测算，提出措施建议。

（十七）**开展新能源消纳监管。**国家能源局及其派出机构将新能源消纳监管作为一项重要监管内容，围绕消纳工作要求，聚焦消纳举措落实，常态化开展监管。加强对新能源跨省消纳措施的监管，督促有关单位取消不合理的限制性措施。

各地各单位要按以上要求认真做好新能源消纳工作，如遇重大事项，及时报告国家能源局。

特此通知。

国家能源局

2024 年 5 月 28 日

附录 G

煤电低碳化改造建设行动方案
（2024—2027 年）

为全面贯彻党的二十大精神，认真落实党中央、国务院决策部署，统筹推进存量煤电机组低碳化改造和新上煤电机组低碳化建设，提升煤炭清洁高效利用水平，加快构建清洁低碳安全高效的新型能源体系，助力实现碳达峰碳中和目标，制定本行动方案。

一、主要目标

到 2025 年，首批煤电低碳化改造建设项目全部开工，转化应用一批煤电低碳发电技术；相关项目度电碳排放较 2023 年同类煤电机组平均碳排放水平降低 20% 左右、显著低于现役先进煤电机组碳排放水平，为煤电清洁低碳转型探索有益经验。到 2027 年，煤电低碳发电技术路线进一步拓宽，建造和运行成本显著下降；相关项目度电碳排放较 2023 年同类煤电机组平均碳排放水平降低 50% 左右、接近天然气发电机组碳排放水平，对煤电清洁低碳转型形成较强的引领带动作用。

二、改造和建设方式

（一）生物质掺烧。利用农林废弃物、沙生植物、能源植物等生物质资源，综合考虑生物质资源供应、煤电机组运行安全要求、灵活性调节需要、运行效率保障和经济可行性等因素，实施煤电机组耦合生物质发电。改造建设后煤电机组应具备掺烧 10% 以上生物质燃料能力，燃煤消耗和碳排放水平显著降低。

（二）**绿氨掺烧**。利用风电、太阳能发电等可再生能源富余电力，通过电解水制绿氢并合成绿氨，实施燃煤机组掺烧绿氨发电，替代部分燃煤。改造建设后煤电机组应具备掺烧 10% 以上绿氨能力，燃煤消耗和碳排放水平显著降低。

（三）**碳捕集利用与封存**。采用化学法、吸附法、膜法等技术，分离捕集燃煤锅炉烟气中的二氧化碳，通过压力、温度调节等方式实现二氧化碳再生并提纯压缩。推广应用二氧化碳高效驱油等地质利用技术、二氧化碳加氢制甲醇等化工利用技术。因地制宜实施二氧化碳地质封存。

三、改造和建设要求

（一）**项目布局**。优先支持在可再生能源资源富集、经济基础较好、地质条件适宜的地区实施煤电低碳化改造建设。因地制宜实施生物质掺烧项目，所在地应具备长期稳定可获得的农林废弃物、沙生植物、能源植物等生物质资源。实施绿氨掺烧的项目，所在地应具备可靠的绿氨来源，并具有丰富的可再生能源资源以满足绿氨制备需要。实施碳捕集利用与封存的项目，所在地及周边应具备二氧化碳资源化利用场景，或具有长期稳定地质封存条件。

（二）**机组条件**。实施低碳化改造建设的煤电机组应满足预期剩余使用寿命长、综合经济性好等基本条件，新上煤电机组须为已纳入国家规划内建设项目。优先支持采用多种煤电低碳发电技术路线耦合的改造建设项目。鼓励已实施低碳化改造建设的煤电机组进一步降低碳排放水平。鼓励承担煤电工业热电解耦及灵活协同发电、煤电安全高效深度调峰等技术攻关任务的机组实施低碳化改造。鼓励煤炭与煤电联营、煤电与可再生能源联营"两个联营"和沙漠、戈壁、荒漠地区大型风电光伏基地配套煤电项目率先实施绿氨掺烧示范。煤电低碳化改造建设项目应严格执行环境管理制度，确保各类污染物达标排放。绿氨掺烧项目氨存储设施原则上应建于煤电机组厂区外，项目实施单位应进一步明确并严格执行具体管理要求。

（三）降碳效果。2025 年建成投产的煤电低碳化改造建设项目，度电碳排放应显著低于自身改造前水平或显著优于现役先进水平，并较 2023 年同类煤电机组平均碳排放水平降低 20% 左右。通过持续改造提升，2027 年建成投产的煤电低碳化改造建设项目，度电碳排放应较 2023 年同类煤电机组平均碳排放水平降低 50% 左右、接近天然气发电机组碳排放水平。同等条件下，优先支持度电碳排放更低、技术经济性更好的项目。纳入国家煤电低碳化改造建设项目清单的机组，要全面梳理工程设计、建设、运行及降碳相关标准，依托项目建设推动标准更新、弥补标准空白。

四、保障措施

（一）加大资金支持力度。发挥政府投资放大带动效应，利用超长期特别国债等资金渠道对符合条件的煤电低碳化改造建设项目予以支持。相关项目择优纳入绿色低碳先进技术示范工程。项目建设单位要统筹用好相关资金，加大投入力度，强化项目建设、运行、维护等资金保障。鼓励各地区因地制宜制定支持政策，加大对煤电低碳化改造建设项目的投资补助力度。

（二）强化政策支撑保障。对纳入国家煤电低碳化改造建设项目清单的项目，在统筹综合运营成本、实际降碳效果和各类市场收益的基础上，探索建立由政府、企业、用户三方共担的分摊机制，给予阶段性支持政策。鼓励符合条件的项目通过发行基础设施领域不动产投资信托基金（REITs）、绿色债券或申请绿色信贷、科技创新和技术改造再贷款等渠道融资，吸引各类投资主体参与和支持煤电低碳化改造建设。

（三）优化电网运行调度。研究制定煤电低碳化改造建设项目碳减排量核算方法。推动对掺烧生物质/绿氨发电、加装碳捕集利用与封存设施部分电量予以单独计量。电网企业要优化电力运行调度方案，优先支持碳减排效果突出的煤电低碳化改造建设项目接入电网，对项目的可再生能源发电量或零碳发电量予以优先上网。（四）加强技术创新应用。统筹科研院所、行业协会、骨干企业等创新资源，加快煤电低碳发电关键技术研发。加强煤电掺烧生物质、低成本绿氨制备、高比例掺烧农作物秸秆等技术攻关，加快煤电烟气二氧化碳捕集降耗、吸收剂减损、大型塔内件传质性能提升、捕集—发电系统协同、控制流程优化等技术研发，补齐二氧化碳资源化利用、咸水层封存、产业集成耦合等技术短板。

五、组织实施

（一）项目组织。国家发展改革委、国家能源局组织各地区和有关中央企业申报实施煤电低碳化改造建设项目，按程序组织评审

并确定国家煤电低碳化改造建设项目清单。省级发展改革部门、能源主管部门、中央企业总部要组织项目单位编制煤电低碳化改造建设实施方案和项目申报材料，对相关材料的真实性、完整性、合规性进行严格审核把关后报送国家发展改革委、国家能源局。省级发展改革部门、能源主管部门要发挥组织协

调作用，指导项目单位做好项目审批（核准、备案）、环境影响评价，并组织开展节能审查和碳排放评价。中央企业及其控股子公司项目由中央企业总部申报，其他项目由所在地省级发展改革部门、能源主管部门申报。

（二）**项目实施**。项目所在地省级发展改革部门、能源主管部门要会同有关部门加强对项目建设的原料燃料供应和用地用能等要素保障，强化指导支持和监督管理，确保项目按时开工和建成投产，指导各地市能源主管部门加强项目施工和运行安全管控。中央企业总部负责对本系统内项目实施管理，指导和督促项目单位认真做好工程建设各项工作，保障工程建设进度，确保工程质量和安全。国家发展改革委、国家能源局会同有关部门对项目实施情况开展评估检查，对未达到降碳目标、弄虚作假、骗取政策支持及发生安全生产事故的单位，一经查实，依法依规追究相关人员责任，并视情节轻重扣减追回超发电价补贴。

（三）**宣传推广**。省级发展改革部门、能源主管部门要及时跟进项目建设及运行情况，强化技术经济性优异、降碳效果显著的煤电低碳发电技术推广应用，有关情况定期报送国家发展改革委、国家能源局。国家发展改革委、国家能源局会同有关部门对地方报送情况进行核验，确有推广价值的，及时通过国内外重大场合予以宣传推介，并适时纳入产业结构调整指导目录、绿色低碳转型产业指导目录、绿色技术推广目录等。

附录 H

陕西省千乡万村驭风行动工作方案

在农村地区充分利用零散土地，因地制宜推动风电就地就近开发利用，对于壮大村集体经济、促进农村能源绿色低碳转型、实现碳达峰碳中和意义重大。为加快实施"千乡万村驭风行动"（简称驭风行动），带动村集体经济发展，助力乡村振兴，特制定本工作方案。

一、主要目标

在充分尊重农民意愿的前提下，以县为单位，选取农村居民人均可支配收入低的行政村，在市级初审、省级审核推进的基础上，建成一批就地就近开发利用的驭风行动风电项目，每个村项目容量不超过 20 兆瓦，力争 2026 年底前全容量建成投。

二、实施条件

（一）优选投资主体。各县（市、区）政府应重点考虑村集体经济增收效果和产业带动作用，综合投资运营能力，优选 1~3 家投资主体，负责本县驭风行动风电项目建设和全生命周期运营维护。鼓励通过公开招标、竞争性配置等市场化方式确定投资主体。

（二）严格项目条件。驭风行动项目以符合用地和环保政策为前提，确保风电开发与乡村风貌有机结合。应与集中式风电统筹规划、整体布局，坚决杜绝"化整为零、一哄而上"，合理有序开发，纳入我省驭风行动的乡（镇），原则上 2 年内不得参与省内保障性并网风电和外送基地项目申报。要严格落实就近开发利用要求，充分利用既有变电站和配电系统设施，项目接入电压等级不得超过 35 千伏（含 110 千伏变电站 35 千伏侧），原则上不应对其接入供电区的 110 千伏及以上现有电网设备容量提出增容需求。

（三）**坚持共建共享。**结合村集体经济发展，以村为单位，以村企合作为主要形式，以收益共享为目的，切实保障农民利益，赋能乡村振兴。县级政府可依法合规采取土地使用权作价等方式，采用政府和企业合资合作等模式，通过共同成立合资公司的方式，参与项目建设。承担项目的村级集体经济组织要将该项目纳入村级重大财务事项决策范围，严格按照"四议两公开"程序进行决策。鼓励各地创新收益分配机制，更多惠及村集体经济，项目收益共享情况及时报县级农业农村主管部门。省级在审核各地的工作方案中，对村集体收益高的项目优先安排。

三、实施流程

（一）**编制方案。**各市发展改革（能源）主管部门会同农业农村部门、电网企业等，深入评估自身风能资源和农村闲散土地资源，统筹地方经济社会发展、生态环境保护、电网承载力和生产运行安全等，在市场化确定投资主体的基础上，组织各县编制驭风行动工作方案，明确项目实施规模、投资主体、合作模式、收益分配方式及拟实现的村集体收益目标。

（二）**市级初审。**市级发展改革（能源）部门会同市级农业农村主管部门组织开展本地区工作方案申报和初审，坚持"村企合作、惠民利民"的原则，使驭风行动项目发展更多惠及村集体和村民。各市在严格审核把关县级工作方案的基础上，汇总形成市级工作方案，工作方案除满足项目开发建设条件外，重点关注惠民利民情况，坚持宁缺毋否合理、项目收益是否最同意，并于 8 月 30 前报送省发展改革委、省农业农村厅，逾期视为无符合条件项目报送。

（三）省级审核。省发展改革委会同省农业农村厅、国网陕西省电力有限公司，对各市工作方案进行审核，重点审核是否拆分集中式风电资源、接入消纳是否合理、项目收益是否最大限度保障村集体利益等内容，并于 9 月底前印发全省总体方案。

（四）组织建设。各市发展改革（能源）主管部门按照省级确定的建设规模组织驭风行动项目建设，加快项目核准等手续的办理，落实电网接入，尽快开工建设。驭风行动项目原则上应于 2025 年 12 月底前核准开工，2026 年 12 月底前建成投产。如 2025 年 12 月底前不能取得核准手续、2026 年 12 月底前不能建成并网，项目自动作废。

四、政策支持

（一）创新政策支持。驭风行动项目由设区市发展改革（行政审批）主管部门核准，探索试行备案制；鼓励各地结合实际提供"一站式"服务，同一投资主体开发的项目，可统一办理前期手续。对于不涉及水土保持、环境保护、植被恢复、压覆矿产等敏感区域的项目，由投资主体会同乡镇人民政府出具承诺，相关主管部门出具支持意见，并依法加快办理相关手续。

（二）依法要素保障。坚持节约集约使用土地，推广使用节地技术和节地模式。在符合国土空间规划，不涉及永久基本农田、生态保护红线和自然保护地等的前提下，充分利用农村零散非耕地，依法依规保障项目用地。对不占压耕地、不改变地表形态、不改变土地用途的用地部分，探索以租赁等方式获得。

（三）加强并网管理。项目业主可自主选择"自发自用、余电上网"和"全额上网"两种模式。电网企业负责制定项目接入保障方案，对驭风行动项目，优先安排接网工程投资计划，积极开展农网智能化改造升级及配套电网建设，确保与驭风行动项目同步投运，保障相关风电项目"应并尽并"。项目上网电价按照并网当年新能源上网电价政策执行，鼓励参与市场化交易。

（四）鼓励模式创新。鼓励依法通过土地使用权入股等方式共享驭风行动项目收益，拓展乡村能源合作新模式。驭风行动项目以就近就地消纳为主，鼓励与分布式光伏等其他清洁能源形成乡村多能互补综合能源系统，推进乡村绿色用能。

（五）强化金融支持。鼓励银行等金融服务机构创新投融资方式，按照绿色能源、乡村振兴等优惠政策，在融资、贷款、利率等方面，给予驭风行动项目支持，保障项目融资需求

五、保障措施

（一）加强组织领导。省发展改革委会同省农业农村厅等单位加强对驭风行动项目的组织协调，市级发展改革（能源）主管部门会同市农业农村局等部门做好项目工作方案审核，加强对各县工作方案的指导，督促县、乡人民政府加强项目收益分配监测，确保项目能够带动村集体增收，提高村民可支配收

（二）优化营商环境。充分发挥市场配置资源的决定性作用，更好发挥政府作用，不得以配套产业、变相收取资源费（税）等名义，增加不合理的非技术投资成本，积极营造公平、公开，公正环境。鼓励和支持民营企业和民营资本积极参与驭风行动。

（三）**注重生态保护**。驭风行动项目应依法开展环境影响评价，满足生态环境保护要求，重点关注项目对周边生产、生活、生态可能带来的影响，鼓励技术创新，推广采用适宜乡村环境的节地型、低噪声、高效率、智能化的风电机组和调度技术，实现工业与农业深度融合。

（四）**建立退出机制**。列入工作方案清单的项目，未按期开工建设，市（县）发展改革（能源）部门督促项目投资主体限期整改，整改期满仍未按时开工的，由县级政府依法收回开发权，重新优选投资主体。

（五）**加强监督管理**。各级发展改革（能源）部门要会同农业农村、要素保障部门加强对项目实施全过程监管，结合部门职能，细化部门职责，发现问题及时督促整改，确保依法合规，保障各方合法权益。各市每年11月底前将驭风行动实施情况报送省发展改革委、省农业农村厅。

各市要高度重视驭风行动项目作为农村能源革命新载体的作用，密切结合村集体经济发展，充分调动村集体和投资企业双方积极性，推动构建"村里有风电、集体增收益、村民得实惠"的风电开发利用新格局，确保驭风行动项目赋能乡村振兴取得实效。

附录 I

陕西省发展和改革委员会文件

陕发改能新能源〔2024〕799号

陕西省发展和改革委员会
关于加快推动新能源大基地建设进展的通知

渭南、延安、榆林市发展改革委，国网陕西省电力有限公司，各相关企业：

按照国家能源局《关于加快推动第一、二、三批以沙漠、戈壁、荒漠地区为重点的大型风电光伏基地建设的函》相关要求，我们对全省大基地项目进行了全面梳理，现就有关事项通知如下：

一、提高政治站位，全面认识基地项目建设重要性

第一批以沙漠、戈壁、荒漠地区为重点的新能源大基地项目，是习近平主席在昆明《生物多样性公约》第十五次缔约方大会领导人峰会上，宣布有序开工装机容量约1亿千瓦的新能源基地项目，项目的顺利建成具有十分重要的政治意义。同时，大基地项目建设既是我省实现"双碳"目标的重要支撑，也是完成我省年度可再生能源5000万千瓦发展目标的重要抓手。大基地项目国家原定于2023年底建成，国家能源局根据基地建设实际情况，将滞后项目并网时间推迟至今年底，各市发展改革委、各开发企业和电网企业要切实提高政治站位，着力解决项目面临的用地用林用草等问题，做好要素保障，加快项目建设进度，确保项目今年年底建成投产。

二、做好项目梳理，分类提出推进措施

经过逐个梳理项目，根据各项目用地落实、手续办理、建设推进等情况，形成了废止项目清单和移除基地项目清单（征求意见稿见附件1、2），请各市发展改革委于5月22日前对清单正式反馈意见。如提出移除清单中项目可以按时于年底全容量并网的，由企业集团公司书面作出年底全容量并网承诺，并提供详细的年底建成施工计划。我委将根据反馈情况，将结果报可再生能源发展省级协调机制的领导审定后，报送国家发展改革委和国家能源局。各企业要对项目情况认真梳理，结合实际情况实事求是的作出承诺，对于年底仍不能并网的项目所涉及的企业，我委将核减该企业下一年度保障性项目规模并作出其它惩戒措施。同时，我委也将对该项目所在地的县级政府在县域经济、营商环境考核方面采取扣分等其它措施。

三、加强项目调度，全力加快基地项目进展

渭南、延安、榆林市和各有关企业要进一步落实属地责任和项目单位主体责任，杜绝等靠思想，各市要推进基地项目加快建设，协调解决设备招标、土地征用、大件运输、电网线路过境等问题；各企业要加快项目施工，确保项目实物工作量快速增长；电网企业要加快配套电网建设，确保接入工程为项目并网做好服苏。

我委将按照所形成新的基地清单，采取"每月调度、定期通报约谈提醒"的工作机制，定期梳理项目建设情况，通报项目建设进展，协调解决存在的问题，全力加快推动基地项目如期建成并网。

附件：1.废止项目清单（征求意见稿）

2.移除基地项目清单（征求意见稿）

陕西省发展和改革委员会

2024 年 5 月 17 日

陕西省发展和改革委员会办公室　　　2024 年 5 月 17 日印发

附录 J

陕西省发展和改革委员会文件

陕发改能新能源〔2024〕1164 号

陕西省发展和改革委员会
关于进一步推动分布式光伏发电项目
高质量发展的通知

国家能源局西北监管局，各设区市发展改革委（能源局），韩城市发展改革委，杨凌示范区发展改革局，国网陕西省电力有限公司：

大力推进分布式光伏建设，是实现"碳达峰、碳中和"目标、构建新型电力系统、引导绿色能源消费的重要举措。为进一步推动全省分布式光伏发电项目建设工作，促进行业健康有序高质量发展，现将有关事项通知如下。

一、明确分布式项目分类

统筹做好集中式和分布式光伏项目并网规模管理，为避免地面光伏电站"化整为零"逃避集中监管，无序争抢土地资源和挤占电力消纳空间等行为，对新建地面分布式光伏电站全部纳入省级年度新增新能源项目规模管理，按照相应要求进行开发建设。

屋顶分布式光伏项目分为工商业屋顶分布式光伏与户用屋顶分布式光伏，户用屋顶分布式光伏中由居民在自有屋顶（含附属宅基地区域内庭院等）自筹资金开发建设的项目为户用自然人项目，租赁居民屋顶（含附属宅基地区域内庭院等）、出租光伏发电设备等方式建设的户用光伏项目按照工商业（非自然人）屋顶分布式光伏进行管理。

二、鼓励屋顶分布式项目开发

有序推进租赁（出租）方式的户用光伏项目，结合配电网可开放容量情况进行开发建设，全力做好户用自然人分布式光伏接入。积极推动工商业屋顶分布式光伏发展，支持采用"自发自用，余量上网"建设模式，减小公共电网运行压力，降低企业用能成本、扩大绿电消费。鼓励各级政府牵头，推动利用党政机关、学校、医院、市政、文化、体育设施、政府投资的厂房等公共建筑建设屋顶分布式光伏电站。

项目投资主体要充分考虑电力消纳预警相关风险，自主决策是否开展项目备案及工程建设，自愿承担电网调度及电力消纳利用率下降等因素带来的项目收益风险，做好风险预期管理。

三、做好电网可开放容量公示

电网企业应按照《分布式电源接入电网承载力评估导则》（DLT2041-2019）等相关要求，以县（市、区）为单位开展分布式光伏承载力评估和可接入容量测算，在每季度前10个工作日完成辖区内变电站、线路、台区等可开放容量测算，明确项目开发红、黄、绿区域，通过电网企业门户网站、营业厅等渠道向社会公布，并向县级能源主管部门进行报备；电网企业应引导屋顶分布式光伏投资主体优先在具有可开放容量的区域开发建设。

四、加快屋顶分布式项目消纳能力建设

电网企业要加强与地方能源主管部门、屋顶分布式光伏开发企业的沟通对接，统筹区域负荷水平，考虑项目开发预期，结合电网建设规划，积极制定提升电网消纳能力建设方案。适度超前规划变配电布点，优化电网设施布局，打造坚强灵活电网网架，加快推进农村电网巩固提升工程，加快城乡配电网改造，优化电网调度方式，持续提升屋顶分布式光伏接网条件。针对红、黄接入受限区域，电网企业要制定改造计划，进一步加快电网升级改造，红色区域在电网承载力未得到有效改善前，暂缓新增屋顶分布式项目接入。常态化监测摸排主（配）变重满载、线路重过载、电压越限等问题，提出针对性解决方案，消除供电卡口，提升农村电网光伏项目接入能力。鼓励投资主体及工商业用户等通过自愿配置储能等方式提高屋顶分布式光伏消纳比例、减少上送电量。

五、规范屋顶分布式项目合同管理

对于户用光伏项目，要参照国家能源局推荐的规范化合同范本，引导居民用户、投资企业及设备供应商等，明确项目参与各方收益及承担的风险，规范签订合同（协议），合同（协议）必须明确"企业不得利用居民信息贷款或变相贷款，不得向居民转嫁金融风险"。各投资主体要参照《户用光伏建设运行百问百答》（2022 年版）《户用光伏建设运行指南》（2022 年版）相关要求，做好项目规范建设，确保项目安全运营。合同期满或光伏电站使用寿命到期后，由投资主体负责自行拆除并妥善处理废弃的光伏板等设备，不得向居民转嫁拆除责任，不得因

此污染环境。屋顶分布式光伏项目法人、投资主体等关键信息发生变更时，应及时向主管部门、电网企业履行变更手续，并重新签订合同（协议）。

六、严格屋顶分布式项目备案管理

屋顶分布式光伏项目实行属地备案管理。户用自然人项目由电网企业做好代备案工作，其他屋顶分布式光伏项目由投资主体向主管部门申请备案。项目投资主体须对提交的备案材料真实性、合法性、完整性负责，存在弄虚作假的，按照有关规定处理。户用自然人项目以自然人名义申请电网接入时，电网企业在报装前应核验申请人的有效身份证明、房屋物权证明（房屋产权证或村委会出具的物权证明）、本人银行卡、项目自投承诺，在并网前应通过核验屋顶光伏建设合同、主要光伏发电设备（包括光伏组件、逆变器等）购置发票或屋顶光伏建设发票等方式进行确认与备案主体的一致性，核验不通过的不予并网；其他屋顶分布式光伏项目在完成备案后，以备案投资主体名义申请电网接入，未取得接入批复的项目不得开工建设。

各地要严格按照国家及省级《企业投资项目核准和备案管理条例》开展备案工作，不得擅自增加前置条件、不得无故暂停或限制项目备案，不得干预屋顶产权方自主选择开发企业。屋顶分布式光伏项目备案容量为交流侧容量，应严格按照备案容量建设，项目投资主体、容量、建设地点发生变化，需要变更相应备案文件。对于备案后一年内未建成的屋顶分布式项目，由县级能源主管部门组织电网企业及时收回并网容量，继续建设的需要重新申请并网容量。对于单体建筑屋顶面积较大的光伏项目、整村开发的光伏项目等，原则上不得对项目拆分后备案。

七、加强屋顶分布式项目并网管理

电网企业应按照简化流程，缩短时限，提高效率的原则，为屋顶分布式光伏并网提供"一站式"办理服务，拓展线上、线下并网服务渠道，积极探索推行"容缺受理"等办理形式。电网企业应按照节约项目投资、方便接入的原则，协助屋顶分布式光伏项目规范接入，户用自然人光伏项目一般接入电压等级为低压 220（380）伏，其他项目在不具备低压接入条件时，可以采用集中汇流等方式就近接入电网。

屋顶分布式光伏发电系统应满足电网接入相关规范要求，经调试、检测合格后并网运行，由电网企业按照国家相关规定进行统一调度控制。新建屋顶分布式光伏项目应具备"可观可测可调可控"功能，不具备该功能的存量屋顶分布式光伏项目由电网企业进行功能改造，改造时电网企业不得收取任何费用，项目业主应全力配合电网企业开展改造工作，在影响电网安全稳定时，调度机构可对项目采取限制出力等措施，保障电网可靠运行。未经相关部门许可，屋顶分布式光伏发电系统制造商、集成商、安装单位均不得留有远方控制接口或保留相应能力。

屋顶分布式光伏连续六个月未发电且现场发电设备已拆除的，由电网企业告知业主或向社会公示后，进行销户处理。在已销户地址重新建设或迁移安装地址的，须重新办理备案、并网手续。未经备案机关同意，并网后擅自增加发电容量的，按照《企业投资项目核准和备案管理条例》《供电营业规则》等有关规定处理。纳入补贴清单的项目，擅自增加发电容量导致实际容量与纳入补贴清单的备案容量不符的，按照国家有关要求核减补贴资金。

八、提高屋顶分布式项目建设质量

屋顶分布式光伏项目要严格按照备案内容建设实施，投资主体要认真落实各项安全管理要求，项目设计和安装应符合有关管理规定、设备标准、建筑工程规范和安全规范等要求，承担项目设计、咨询、安装和监理的单位，应具有国家规定的相应资质。屋顶分布式光伏发电项目采用的光伏电池组件、逆变器等设备应通过符合国家规定的认证认可机构的检测认证，符合相关接入电网的技术要求。充分考虑项目与周边环境景观相融合，因地制宜开展屋顶分布式光伏发电项目建设，鼓励投资人和投资企业选择市场口碑好、信用度高的承建单位和设备供应商。

九、加大屋顶分布式项目监督力度

各市县发展改革委（能源局）要利用各类途径，加大屋顶分布式光伏政策宣传力度，畅通咨询、投诉等渠道，在帮助广大群众认识屋顶分布式光伏积极作用的同时，客观公正告知户主实施屋顶分布式光伏可能存在的安全风险、金融风险、合同漏洞和其它潜在风险，及时回应社会关切。要加强事中事后监管，坚决纠正违规备案行为，督促投资主体落实项目建设和安全生产主体责任。针对屋顶分布式光伏开发过程中出现的合同欺诈、无资质承建、违规融资等损害群众利益行为，积极配合相关部门依法依规查处，切实保障群众合法权益。

十、做好屋顶分布式项目绿证核发

按照国家相关部门《关于组织开展可再生能源发电项目建档立卡有关工作的通知》《关于做好可再生能源绿色电力证书全覆盖工作促进可再生能源电力消费的通知》等要求，依托国家可再生能源项目信息管理平台（自然人项目为公众号），做好屋顶分布式项目建档立卡工作。各市县发展改革委（能源局）及电网企业要扩大绿证政策宣传，及时审核流程，各投资主体要主动做好建档立卡信息填报，为绿证核发与交易等做好支撑，促进绿色电力消费，共同推动经济社会绿色低碳转型和高质量发展。

　　本通知自印发之日起实施，各市县发展改革委（能源局）可结合本地实际情况，进一步细化管理要求。

陕西省发展和改革委员会
2024 年 7 月 16 日

陕西省发展和改革委员会办公室　｜　2024 年 7 月 16 日印发

附录 K

陕西省发展和改革委员会
陕西省农业农村厅^{文件}

陕发改能新能源〔2024〕1324 号

陕西省发展和改革委员会　陕西省农业
农村厅关于开展陕西省千村万户"光伏+"
乡村振兴示范项目的通知

各设区市发展改革委（能源局）、农业农村局，韩城市发展改革委、农业农村局，杨凌示范区发展改革局、农业农村局，国网陕西省电力有限公司，各有关银行、担保等金融机构：

屋顶分布式光伏是光伏发电应用的重要场景，也是新能源发展增量的有效支撑，对促进农村能源绿色低碳转型具有重要意义。隆基绿能科技有限公司在铜川市耀州区石柱镇克坊村和小丘镇朱村开发建设的光伏、光暖示范项目，为充分利用农村地区屋顶闲置资源、增加农民收入、壮大村集体经济进行了有益探索。根据国家和我省"十四五"可再生能源规划，现就开展千村万户"光伏+"乡村振兴示范项目建设有关事项通知如下。

一、示范目标

全省每个乡镇确定1个行政村，选择光伏或光暖项目建设模式，每个村建设容量约2兆瓦，进行整村光伏（光暖）项目示范。到今年年底，全省建成约1000个共200万千瓦左右整村屋顶分布式光伏光暖示范项目。通过示范项目推动，形成一系列可复制、可推广的支持政策、建设方案和商业模式，达到农户增收、村集体壮大和清洁取暖的实效，助力乡村振兴。

二、示范模式

示范项目按照政府统筹、企业提供资金、银行贷款、机构担保、农户受益、村级分红的模式运作。

1. 村集体成立村新能源项目公司；

2. 鼓励县级政府筹集资金作为10%资本金，项目实施公司提供10%资本金；

3. 银行、担保机构提供贷款和担保；

4. 农户、村集体自行选择光伏或光暖建设模式；

5. 县级政府确定具备设计施工运维一体化能力的建设企业开展项目建设；

6. 项目建成后，由县级发展改革部门会同相关部门、电网和设计施工企业等进行验收；项目运维由地方政府确定的一体化公司进行运行维护。

三、示范条件

（一）光照和屋顶资源好。要选择村民和村集体积极性高，光照资源丰富、屋顶资源集中的村建设项目。

（二）电网接入和消纳能力强。要对电网现状进行评估，优先选择电网现状坚强，接入消纳条件好，改造周期短的村进行项目示范建设。

（三）严格决策程序。村集体经济组织成立新能源公司、申请贷款、实施"光伏＋"乡村振兴示范项目等均纳入村级重大财务事项决策范围，严格按照"四议两公开"程序，逐项经成员大会或成员代表会议同意，公示无异议后，所形成的"四议两公开"档案作为项目申报材料附件一并提交乡镇党委政府审核。民主程序不履行、不完善、不规范的原则上不得建设项目。严禁新增村级不良债务，不得强迫村集体承担项目，增加村集体负担。

（四）落实项目资本金。鼓励统筹各类脱贫和乡村振兴等财政资金作为资本金进行示范项目建设。

（五）优先选择千万工程示范村实施建设。

四、示范项目的组织实施

（一）启动阶段

1. 各县级发展改革（能源）会同农业农村、电力等部门编制本县千村万户"光伏＋"乡村振兴示范项目实施方案，明确光伏（光暖）项目选址、设计方案、装机规模、建设时序、接入消纳方案和利益分配机制等情况，将本县实施方案报送市级发展改革（能源）、农业农村等部门。

2. 市级发展改革（能源）会同农业农村、电力等部门，结合实际及我省千万工程和美乡村风貌要求，审核汇总形成本市千村万户"光伏＋"乡村振兴示范项目实施方案，实施方案送省发展改革委、农业农村厅报备。

（二）实施阶段

1.县政府承担主体责任，负责审核实施方案、设立村新能源公司、鼓励落实10%的资本金，确定设计施工运维一体化建设企业等，推进项目建设，建立产权清晰、农民受益、村集体壮大、各方利益共享的合作机制。

2.市县电网企业要配合市县级发展改革（能源）同农业农村部门编制千村万户"光伏+"乡村振兴示范项目实施方案，做好光伏（光暖）项目的电网接入工作，结合电网现状，积极开展农村电网改造升级及配套电网建设，确保项目"应并尽并"。

3.市县农业农村部门负责指导项目村制定项目收益分配机制。乡镇政府监管村办能源公司运营管理，确保电费收益除运营维护费用外，农户净收益不低于80%，同时监督村集体20%分红的资金使用情况，并符合千万工程和美乡村风貌要求。

4.项目县区要统筹建设单位、担保机构、银行和村集体多方面力量建立风险防范基金，明确风险分担机制，项目意向村要充分评估项目运行风险，稳慎投资项目。

五、保障措施

按照市负总责、县区落实的工作机制，做到分工明确、责任清晰，合力推动千村万户"光伏+"乡村振兴示范项目建设。

（一）加强组织领导。各地要充分认识实施千村万户"光伏+"乡村振兴示范项目对于推动农村能源革命、助力乡村振兴的重要意义。鼓励市县政府选好示范村、做好宣传引导、全面负责项目建设运营、收益分配和项目安全管理。不得以开展示范为由暂停、暂缓现有项目立项备案、电网接入等工作。

（二）强化部门协同。市县发展改革部门（能源）负责统筹推进项目，市县农业农村部门负责指导村集体项目收益分配，各有关银行负责落实绿色或支农惠农优惠政策，担保机构负责提供优质的担保服务。

（三）落实扶持政策。市县发展改革（能源）、行政审批部门应优化千村万户"光伏＋"乡村振兴示范项目审批流程，鼓励对项目整体打包备案。鼓励各市县通过涉农资金、苏陕协作资金等对千村万户"光伏＋"乡村振兴示范项目给予资本金支持。

（四）做好消纳保障。国网陕西省电力公司要充分考虑光伏（光暖）项目接入需求，主动提供接入消纳数据，加强配电网的建设改造，确保光伏（光暖）项目的安全稳定运行，在核验村新能源公司和农户签订的合作协议中，农户收益不少于80%的条件下，按照户用自然人备案和并网接入。

（五）加强金融支持。落实绿色金融和乡村振兴金融政策，借鉴推广陕西农信、铜川财创融资担保集团在铜川耀州试点项目中的经验做法，鼓励银行、政府性担保等企业创新融资、担保方案，降低融资主体准入门槛，放宽担保期限，降低融资利率和担保费用，充分发挥自身优势，进一步加强千村万户"光伏＋"乡村振兴示范项目的支持力度，推动项目提质增效。

（六）注重宣传引导。发挥政府带头示范效应，充分利用各种大众媒介，广泛宣传千村万户"光伏＋"乡村振兴示范项目开发工作，营造良好推进氛围，引导社会公众积极参与、共同推进千村万户"光伏＋"乡村振兴示范项目落地。

 陕西省发展和改革委员会　　　 陕西省农业农村厅

2024 年 8 月 1 日

陕西省发展和改革委员会办公室	2024 年 8 月 1 日印发